46

亿年的奇迹

地 球 简 史

日本朝日新闻出版 著

杨梦琦 朗寒梅子 刘梅 译

U0193111

显生宙
中生代

2

人民文学出版社

PEOPLE'S LITERATURE PUBLISHING HOUSE

专 家 导 读

冯伟民先生是南京古生物博物馆的馆长，是国内顶尖的古生物学专家。此次出版"46亿年的奇迹：地球简史"丛书，特邀冯先生及其团队把关，严格审核书中的科学知识，并作此篇导读。

"46亿年的奇迹：地球简史"是一套以地球演变为背景，史诗般展现生命演化场景的丛书。该丛书由50个主题组成，编为13个分册，构成一个相对完整的知识体系。该丛书包罗万象，涉及地质学、古生物学、天文学、演化生物学、地理学等领域的各种知识，其内容之丰富、描述之细致、栏目之多样、图片之精美，在已出版的地球与生命史相关主题的图书中是颇为罕见的，具有里程碑式的意义。

"46亿年的奇迹：地球简史"丛书详细描述了太阳系的形成和地球诞生以来无机界与有机界、自然与生命的重大事件和诸多演化现象。内容涉及太阳形成、月球诞生、海洋与陆地的出现、磁场、大氧化事件、早期冰期、臭氧层、超级大陆、地球冻结与复活、礁形成、冈瓦纳古陆、巨神海消失、早期森林、冈瓦纳冰川、泛大陆形成、超级地幔柱和大洋缺氧等地球演变的重要事件，充分展示了地球历史中宏伟壮丽的环境演变场景，及其对生命演化的巨大推动作用。

除此之外，这套丛书更是浓墨重彩地叙述了生命的诞生、光合作用、与氧气相遇的生命、真核生物、生物多细胞、埃迪卡拉动物群、寒武纪大爆发、眼睛的形成、最早的捕食者奇虾、三叶虫、脊椎与脑的形成、奥陶纪生物多样化、鹦鹉螺类生物的繁荣、无颌类登场、奥陶纪末大灭绝、广翅鲎的繁荣、植物登上陆地、菊石登场、盾皮鱼的崛起、无颌类的繁荣、肉鳍类的诞生、鱼类迁入淡水、泥盆纪晚期生物大灭绝、四足动物的出现、动物登陆、羊膜动物的诞生、昆虫进化出翅膀与变态的模式、单孔类的诞生、鲨鱼的繁盛等生命演化事件。这还仅仅是丛书中截止到古生代的内容。由此可见全书知识内容之丰富和精彩。

每本书的栏目形式多样，以《地球史导航》为主线，辅以《地球博物志》《世界遗产长廊》《地球之谜》和《长知识！地球史问答》。在《地球史导航》中，还设置了一系列次级栏目：如《科学笔记》注释专业词汇；《近距直击》回答文中相关内容的关键疑问；《原理揭秘》图文并茂地揭示某一生物或事件的原理；《新闻聚焦》报道一些重大的但有待进一步确认的发现，如波兰科学家发现的四足动物脚印；《杰出人物》介绍著名科学家的相关贡献。《地球博物志》描述各种各样的化石遗痕；《世界遗产长廊》介绍一些世界各地的著名景点；《地球之谜》揭示地球上发生的一些未解之谜；《长知识！地球史问答》给出了关于生命问题的趣味解说。全书还设置了一位卡通形象的科学家引导阅读，同时插入大量精美的图片，来配合文字解说，帮助读者对文中内容有更好的理解与感悟。

　　因此，这是一套知识浩瀚的丛书，上至天文，下至地理，从太阳系形成一直叙述到当今地球，并沿着地质演变的时间线，形象生动地描述了不同演化历史阶段的各种生命现象，演绎了自然与生命相互影响、协同演化的恢宏历史，还揭示了生命史上一系列的大灭绝事件。

　　科学在不断发展，人类对地球的探索也不会止步，因此在本书中文版出版之际，一些最新的古生物科学发现，如我国的清江生物群和对古昆虫的一系列新发现，还未能列入到书中进行介绍。尽管这样，这套通俗而又全面的地球生命史丛书仍是现有同类书中的翘楚。本丛书图文并茂，对于青少年朋友来说是一套难得的地球生命知识的启蒙读物，可以很好地引导公众了解真实的地球演变与生命演化，同时对国内学界的专业人士也有相当的借鉴和参考作用。

冯伟民

2020 年 5 月

冥古宙 46亿年前—40亿年前	太阳和地球的起源
	巨大撞击与月球诞生
	生命母亲：海洋的诞生
太古宙 40亿年前—25亿年前	生命的诞生
	磁场的形成和光合作用
元古宙 25亿年前—5亿4100万年前	大氧化事件
	最古老的超级大陆努纳
	冰雪世界 雪球假说

生物大进化　寒武纪大爆发
三叶虫的出现
鹦鹉螺类生物的繁荣
地球最初的大灭绝
巨神海的消失
鱼的时代
生物的目标场所：陆地
陆地生活的开始
巨型植物造就的"森林"
昆虫的出现
超级大陆：泛大陆的诞生
史上最大的物种大灭绝

古生代 5亿4100万年前—2亿5217万年前

恐龙出现
哺乳动物登场
恐龙繁荣
海洋中的爬行动物与翼龙

中生代 2亿5217万年前—6600万年前

大西洋诞生
从恐龙到鸟
大地上开出的第一朵花
菊石与海洋生态系统
海洋巨变
一代霸主霸王龙
巨型肉食性恐龙繁荣
小行星撞击地球与恐龙灭绝

新生代 6600万年前至今

哺乳动物的时代
大岩石圈崩塌
喜马拉雅山脉形成
南极大陆孤立
灵长类动物进化
现存动物的祖先们
干燥的世界
早期人类登场
冰河时代到来
直立人登场
智人登场
猛犸的时代
冰河时代结束
古代文明产生
现在的地球

地球与宇宙的未来
矿物与人类
地球上的能源

显
生
宙

CONTENTS
目录

CONTENTS

目录

大西洋诞生

1 亿 7000 万年前—6600 万年前
[中生代]

中生代是指2亿5217万年前—6600万年前的时代，是地球史上气候尤为温暖的时期，也是恐龙在世界范围内逐渐繁荣的时期。

第 3 页　图片 / 阿拉米图库
第 4 页　图片 / 123RF
第 6 页　插画 / 小林稔
第 7 页　插画 / 齐藤志乃
第 9 页　插画 / 123RF
第 10 页　插画 / 真壁晓夫
　　　　图片 / PPS
第 11 页　地图 / 科罗拉多高原地理系统公司
　　　　图片 / PPS
第 13 页　插画 / 马丁·保罗
第 14 页　插画 / 三好南里
　　　　插画 / 服部雅人
　　　　本页其他图片均由 PPS 提供
第 15 页　图片 / 弗朗西斯·高尔
　　　　插画 / 服部雅人
　　　　图片 / 阿拉米图库
　　　　图片 / PPS
第 17 页　插画 / 服部雅人
　　　　插画 / 三好南里
　　　　地图 / 科罗拉多高原地理系统公司
第 19 页　插画 / 鲍勃·尼古拉斯 /www.paleocreations.com
　　　　图片 / 安东尼·菲奥里洛
第 20 页　图片 / 阿拉米图库
　　　　插画 / 三好南里
　　　　插画 / 上村一树
　　　　插画 / 科罗拉多高原地理系统公司
　　　　图片 / 照片图书馆
第 22 页　插画 / 三好南里
　　　　插画 / 科罗拉多高原地理系统公司
　　　　图片 / PPS
第 23 页　插画 / 三好南里
第 24 页　图片 / PPS
第 25 页　插画 / 真壁晓夫
第 26 页　插画 / 三好南里
　　　　图片 / A-JA
　　　　图片 / PPS
　　　　图片 / 川上绅一
　　　　图片 / 照片图书馆
　　　　本页其他图片均由日本地质调查所提供
第 27 页　图片 / Aflo
　　　　图片 / 照片图书馆
　　　　图片 / PPS
　　　　图片 / 照片图书馆
　　　　图片 / PPS
　　　　本页其他图片均由日本地质调查所提供
第 28 页　图片 / PPS
　　　　图片 / PPS
　　　　图片 / 123RF
　　　　图片 / 阿玛纳图片社
第 29 页　图片 / 123RF
第 30 页　图片 / 拉尔夫·洛伦兹
第 31 页　本页图片均由 PPS 提供
第 32 页　本页图片均由 PPS 提供

—顾问寄语—

茨城大学理学部教授　安藤寿男

侏罗纪早期至白垩纪时期，泛大陆分裂为北部的劳亚古陆和南部的冈瓦纳古陆。

白垩纪中期，冈瓦纳古陆又分裂为南美大陆和非洲大陆，纵贯南北的大西洋应运而生。

大陆分裂和海侵现象促使白垩纪时代地球环境发生变化，生物不断进化，地球开始向现在的面貌演变。

让我们从恐龙的繁盛和"温室地球"切入，看一看白垩纪时期的世界！

地球上最年轻的大洋

在非洲大陆的南端，有一块突入海中的尖形陆地——好望角。站在这里，可以看见一望无垠的碧海蓝天。大洋的彼岸，约 7000 千米外的地方，是南美大陆南端的麦哲伦海峡。其实在距今约 1 亿 5000 万年的侏罗纪晚期，好望角所在的土地和麦哲伦海峡所在的土地是相连的。后来因地壳运动，这两地之间形成裂口，海水涌入，形成一片海。如今，这片海已扩展为一片大洋——大西洋。这表明地球内部是在不断运动变化的。

站在好望角眺望大西洋

好望角是南非南部开普半岛上突出的岬角。1488 年葡萄牙航海家巴尔托洛梅乌·泽·迪亚士首次来到这里。1498 年，航海家瓦斯科·达·伽马绕过好望角抵达印度西南海岸的港口城市卡利卡特（现为科泽科德），开辟了欧洲通往东方的航线，世界由此进入大航海时代。

大洋宣告诞生

地球内部不断流动的地幔柱，有时会冲击地壳，改变地表的风貌。侏罗纪晚期，现在的南美大陆和非洲大陆还是一个整体。在二者接合处，巨大的地幔柱冲击地壳，大陆开始向东西分裂，海水不断涌入，形成了新的海域——大西洋。经过近 2 亿年的演变，大西洋扩展至现在的面积。这是大陆分布向当今世界地图演进的一大步。

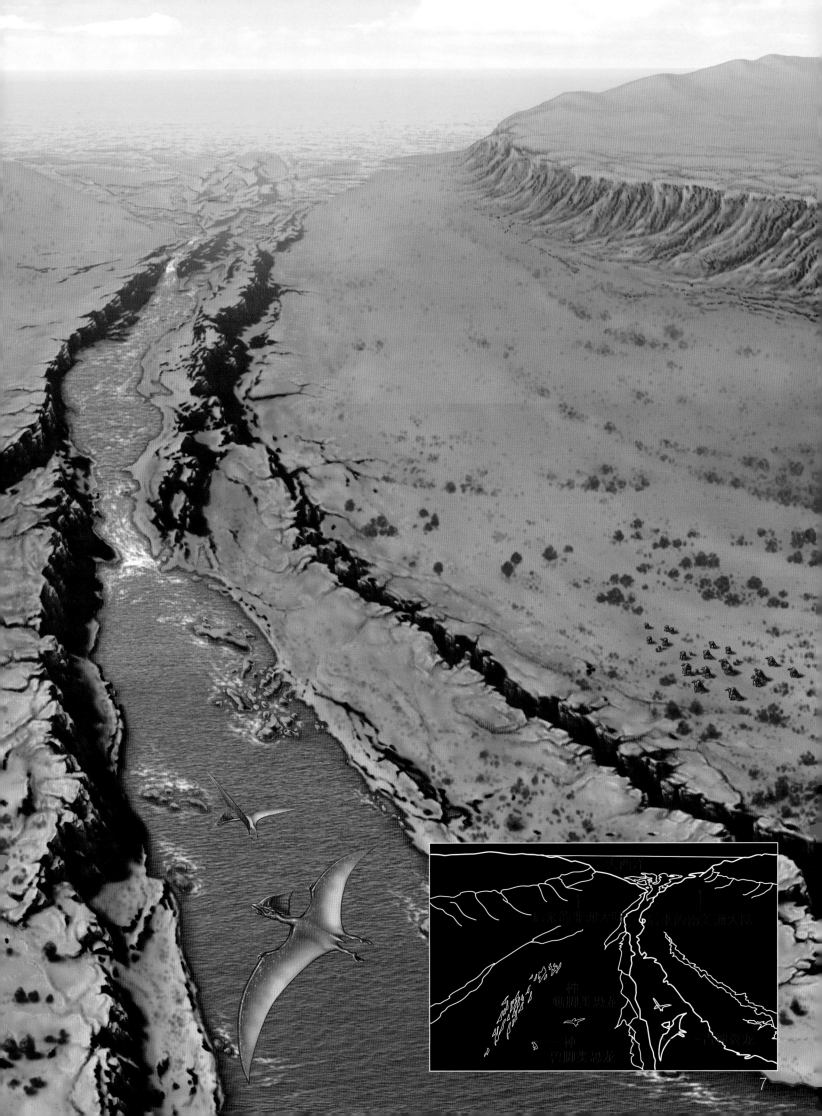

大西洋诞生

泛大陆分裂，大西洋诞生

很久很久之前，地球内部有股『无形的力量』把所有分散的大陆拼合成了泛大陆。这股力量又发挥作用，分裂瓦解了这个超级大陆。随后，在大陆的分裂处诞生了一个新的海洋——大西洋。白垩纪时期，这股力量又发挥作用，分裂瓦解了这个超级大陆。

这里是能切身感受到地球凶猛粗暴的地方之一。

"天翻地覆"创造了现今的世界

冰岛的大地上有一道巨大的裂痕，仿佛地球要被劈开了一样。当地人把这种地形称作"Gjá"，意为裂缝。

覆盖地球表面的板块主要在大洋底部海岭处生成，而冰岛则是由大西洋中央海岭露出海面形成的，是世界上独一无二的特殊岛屿。它的西半部分是北美板块，东半部分是欧亚板块。因为这两个板块不断向相反方向漂移，所以冰岛每年以平均约 2 厘米的速度分裂。换言之，"Gjá"有力地证明了大西洋一直在扩展。那么，大西洋的扩展始于何时呢？这要从侏罗纪早期泛大陆开始分裂时说起，当时地球上还没有所谓的大西洋。

大陆分裂后，海水涌入大陆间的裂缝，新的大洋由此诞生。新大洋最初只是大陆之间一条狭长的水域，随着时间的推移，水域慢慢地变宽变长，面积增大。随着大西洋的扩展，我们所熟悉的当今世界地图也逐渐成形。

位于冰岛的"Gjá"

海岭露出海面形成的岛
屿——冰岛。在这里可以从
地表确认海洋板块是如何生
成的。大陆板块分裂处称作
断裂带，地形一般呈山谷状。
断裂带地面上的裂谷在冰岛
被称作"Gjá"，多数情况
下长度可达数千米乃至数
十千米。

现在
我们知道！

大西洋已经扩展了
约2亿年

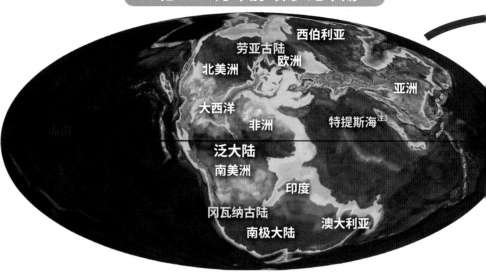

西伯利亚
劳亚古陆
欧洲
北美洲
亚洲
大西洋
特提斯海[注3]
非洲
泛大陆
南美洲
印度
冈瓦纳古陆
澳大利亚
南极大陆
赤道

侏罗纪中期

泛大陆继续分裂，而冈瓦纳古陆尚未解体，南美大陆和非洲大陆仍连接在一起，南极大陆和澳大利亚所在的东冈瓦纳古陆也没分裂。但是，此时在北美大陆和非洲大陆之间，已然出现北大西洋的萌芽。

现在的大西洋面积约为9336.3万平方千米，最深处位于波多黎各海沟，深达9219米。

大西洋在侏罗纪早期尚未诞生，而在1亿9000万年后成长为仅次于太平洋的世界第二大洋。在这个过程中，地球内部究竟是什么样的机制在发挥作用呢？

地幔柱变陆为海

大陆分裂，海水灌入裂缝处形成海洋——这一现象正在冰岛大裂谷和非洲东部的东非大裂谷[注1]处发生。通过这些现象，可以推测出大西洋的诞生和成长过程。

约2亿年前的侏罗纪初，来自地球深处的地幔热流上涌至地幔顶部，地壳因此隆起，体积膨胀。向两侧作用的推力撕裂地壳，使之出现裂缝，形成断裂带。

断裂带一经形成，周围的环境也随之发生巨大变化。地下形成岩浆库，火山活动频繁，断裂带低洼处的沼泽地增多。数百万年后，当断裂带的宽度达到一两百千米时，海水便开始涌入，逐渐形成海洋。

大西洋的诞生
给地球带来的影响

此后又过了数百万年，地球上发生了决定性的变化。大陆完全分离，断裂处开始生成大洋板块，大西洋逐步演变为一个真正的大洋。

大西洋是现今地球上最年轻的大洋，具有很多其他大洋不具备

◯ 大陆分裂过程示意图

大陆的移动是由地壳分裂引起的，分裂后大陆与大陆间生成海洋。

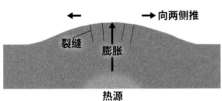

岩石圈

热源

1 开始分裂
岩石圈[注2]（地壳和上地幔）底部局部受热。

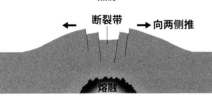

← 向两侧推 →
裂缝
膨胀
热源

2 岩石圈隆起
岩石圈底部受热隆起成穹形，向两侧作用的推力撕裂地壳，使之出现裂缝。

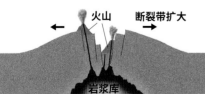

← 断裂带 → 向两侧推
熔融

3 断裂带的形成
裂缝发展到一定程度，形成断裂带

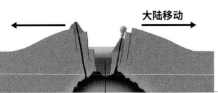

火山 断裂带扩大
岩浆库

4 火山活动
断裂带形成后，岩浆顺着裂缝喷涌而出，火山爆发

大陆移动

5 分裂
裂缝继续扩大，海洋板块生成，海水侵入，新的海洋诞生。

海洋板块形成

多佛海峡的白垩悬崖

白垩纪时期，大陆漂移活动频繁，现代大陆的分布已具雏形。这一时期，海底积聚了大量富含碳酸钙的植物性浮游生物。该生物的石灰质躯壳堆积形成岩石，进而形成陆地。白垩纪的"白垩"指的就是石灰岩。英国多佛海峡的白垩悬崖就是石灰岩地形的代表。

Port of Dover
Ferry Terminal

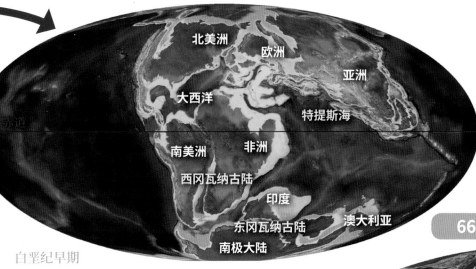

北美洲　欧洲　亚洲
大西洋
特提斯海
南美洲　非洲
西冈瓦纳古陆
印度
东冈瓦纳古陆　澳大利亚
南极大陆

侏罗纪到白垩纪时期的大陆分布变迁

泛大陆分裂后，到了白垩纪，大陆分布已接近现代地图。那么，各个大陆经过了怎样的分裂过程呢？

白垩纪早期

东冈瓦纳古陆与西冈瓦纳古陆分离，印度大陆开始向北移动。西冈瓦纳古陆上出现了南北走向的裂缝，为纵贯南北的大西洋的诞生做好了准备。

大西洋起源于大陆间的裂缝！

白垩纪末

南美大陆与非洲大陆完全分离，大西洋诞生。南极大陆与澳大利亚大陆分离，印度大陆向北移动，靠近亚欧大陆，地球大陆越来越接近现代的分布。

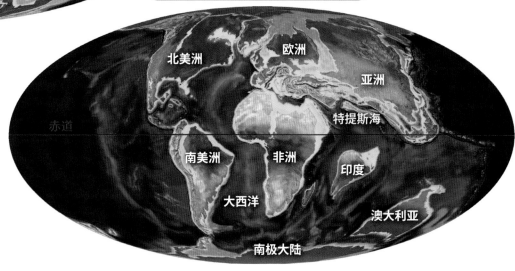

6600万年前 白垩纪末

北美洲　欧洲　亚洲
特提斯海
南美洲　非洲　印度
大西洋
澳大利亚
南极大陆

的特征。

其中一个特征是海水盐分浓度高，比太平洋和印度洋的平均值高约0.2%。原因之一是信风将大西洋蒸发的水汽带到了太平洋。盐分浓度高的海水较重，会往下沉。在大西洋，这种海水下沉现象正在发生，由此形成了地球长期气候变化和海洋生态系统的基础——大洋环流。

大西洋的诞生也对人类历史发展产生了深刻的影响。1498年，达·伽马开辟了印度航线，大西洋成为大航海时代航海家探索的最主要海域。进入20世纪，人类通过分析大西洋两岸非洲大陆和南美大陆海岸线的形状特点，提出了奠定现代地学理论基础的"板块构造学"。

科学笔记

【东非大裂谷】 第10页 注1

非洲大陆的东部，有一条贯穿埃塞俄比亚和坦桑尼亚的巨大裂谷，全长约6000千米，宽35～50千米。这条峡谷约在1000万年前—500万年前开始分裂，是现在大陆仍在继续分裂的代表例证。

【岩石圈】 第10页 注2

地壳和地幔最上部的基岩部分合称为岩石圈。板块构造论中所谓的板块就是指岩石圈。位于岩石圈下的地层，富有流动性的柔软部分称为软流层。

【特提斯海】 第10页 注3

在劳亚古陆和冈瓦纳古陆之间曾存在过的海洋。它出现在泛大陆的分裂时期，之后由于大陆漂移导致印度大陆北上，非洲大陆和亚欧大陆两者靠拢才逐渐消失。特提斯海又被称为古地中海。

近距直击

● ● ●

地球以外的行星上也有断裂带吗？

除了地球上现存的冰岛大裂谷和东非大裂谷，科学家认为在太阳系的其他行星上也存在相似的地形。1971年，美国国家航空航天局通过探测火星（水手计划）发现火星表面有一条大峡谷。这条峡谷长约4000千米，最深处达7千米，后被命名为"水手号峡谷"。但是，它能否被称为断裂带仍有待商榷。

这条峡谷是由美国火星探测器『水手9号』探测到的，因此得名『水手号峡谷』

恐龙多样化

独具个性的恐龙 统治地球的每一个角落

恐龙时代早期，地球上繁衍生息着相似的恐龙。但到了白垩纪，形形色色的恐龙纷纷登上了历史舞台。这是一个恐龙在世界范围内逐渐繁荣的时期。

出现了好多"个性派"的恐龙！

白垩纪早期恐龙的多样化

说起恐龙，首先浮现在大家脑海里的是哪一种？大多数人或许会想到地球上最强的肉食性恐龙霸王龙，或者头部长着两只角和颈盾的三角龙，抑或是背上长着坚硬甲骨的甲龙。

这些大咖全部都是白垩纪晚期出现的物种。但是，在白垩纪早期，霸王龙的祖先帝龙、与三角龙同属角龙类的古角龙、甲龙的近亲多刺甲龙亚科恐龙——加斯顿龙已经出现，为主角的登场做准备。

白垩纪早期，各具特色的恐龙陆续诞生。在蒙古南部和中国北部发现了鹦鹉嘴龙的化石。由此可见，这个时代最显著的特征是各地区的固有恐龙增多。

因此，科学家认为白垩纪早期，恐龙就已经开启多样化进程。但是，实际情况到底是怎样的呢？就让我们一起去看看分散在世界各地的恐龙吧！

鹦鹉嘴龙
— *Psittacosaurus*

原始角龙的近亲。前肢抬起，用后肢支撑身体直立行走。在中国，在一个地方同时发现了34具鹦鹉嘴龙的幼体化石，说明成年恐龙可能有抚幼行为。

现在 我们知道！

白垩纪恐龙 形态千变万化

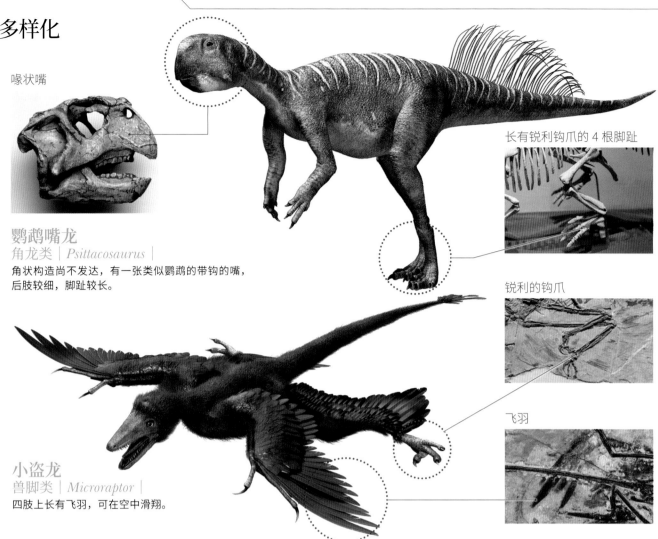

喙状嘴

鹦鹉嘴龙
角龙类 | *Psittacosaurus* |
角状构造尚不发达，有一张类似鹦鹉的带钩的嘴，后肢较细，脚趾较长。

长有锐利钩爪的 4 根脚趾

锐利的钩爪

飞羽

小盗龙
兽脚类 | *Microraptor* |
四肢上长有飞羽，可在空中滑翔。

恐龙的多样化始于三叠纪

白垩纪早期，恐龙无处不在。长有飞羽的兽脚类小盗龙在中国的森林里飞翔。与此同时，在非洲大陆的低洼地带，无畏龙以植物为食。在这个时代，恐龙已呈现出多样化的发展趋势。然而，学界内对此却有不同见解。

《恐龙》一书堪称恐龙学的经典著作，有人根据书中的数据，按年代来统计恐龙的属种数量。研究结果发现，相较于三叠纪晚期世界上被确认的恐龙属种数量，侏罗纪晚期是其 2 倍，到白垩纪早期更是增加到其 4 倍以上。

这样看来，恐龙的属种数量是随着时代的变迁不断增加的。但这是因为年代越近，露出地表的含有恐龙化石的地层[注1]越多，并不意味着恐龙的属种数量随着时间推移就增加了。

阿根廷伊沙瓜拉斯托省立公园[注2]出产恐龙化石。这些化石是在恐龙时代早期的地层中发现的。从这种意义上讲，针对上述化石的研究就格外有意义。化石数量虽然不多，但涵盖了主要属种，因此我们可以认为恐龙的多样化早在恐龙时代早期就已经开始了。

恐龙（兽脚类）属种数量的变化

中生代地层中发现的恐龙化石的属种数量是随着时间的推移不断增加的，如曲线 a 所示。考虑到含有化石的地层也增加了，属种数量和时代的关系便如曲线 b 所示，整体上没有太大的变动。

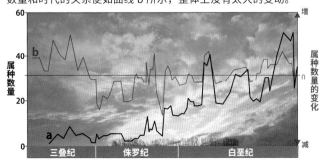

属种数量

60

b

40

20

a

0

三叠纪　侏罗纪　白垩纪

增

属种数量的变化

减

角龙类恐龙的进化

角龙类恐龙的特征是上颚前端的吻骨、角以及颈盾。隐龙的这些特征不明显，但古角龙的吻骨很发达，颈盾较短。角和颈盾除了能够御敌，还有吸引异性以繁衍后代的功能。

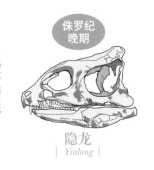

侏罗纪晚期

隐龙
| *Yinlong* |

白垩纪早期

古角龙
| *Archaeoceratops* |

白垩纪晚期

五角龙
| *Pentaceratops* |

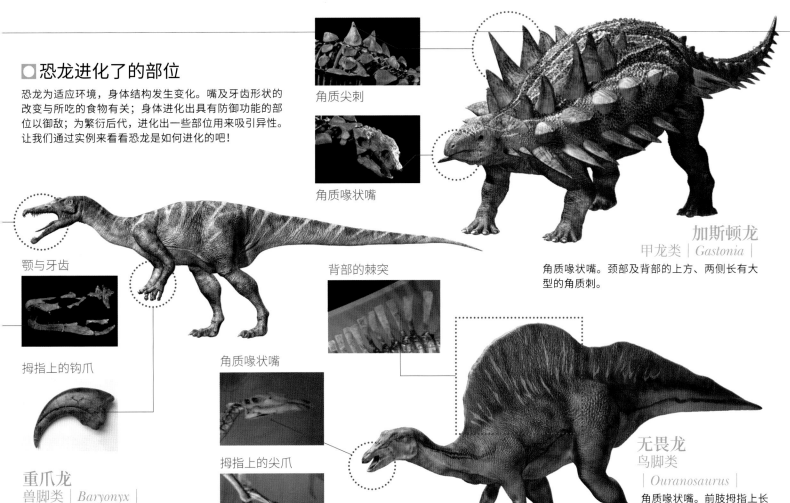

恐龙进化了的部位

恐龙为适应环境，身体结构发生变化。嘴及牙齿形状的改变与所吃的食物有关；身体进化出具有防御功能的部位以御敌；为繁衍后代，进化出一些部位用来吸引异性。让我们通过实例来看看恐龙是如何进化的吧！

角质尖刺

角质喙状嘴

加斯顿龙
甲龙类 | *Gastonia* |
角质喙状嘴。颈部及背部的上方、两侧长有大型的角质刺。

颚与牙齿

拇指上的钩爪

背部的棘突

角质喙状嘴

拇指上的尖爪

重爪龙
兽脚类 | *Baryonyx* |
细长的颚上长有 96 颗锯齿状牙齿，前肢拇指上有一个 30 厘米长的钩爪。

无畏龙
鸟脚类
| *Ouranosaurus* |
角质喙状嘴。前肢拇指上长有尖爪，背部有帆状物。

大陆分裂加速了恐龙形态的多样化

白垩纪早期，禽龙等鸟脚类大型恐龙登上历史舞台。角龙类和甲龙类等植食性恐龙也占据越来越重要的位置。这一时期，恐龙的形态日益丰富。这是因为在白垩纪早期世界范围内地壳运动频繁，释放了大量的二氧化碳到大气中，引起温室效应，导致海平面上升，进一步促进大陆分裂。

现在，袋鼠等有袋类的栖息地仅限于南半球；隔着莫桑比克海峡与非洲大陆相望的马达加斯加岛上，以狐猴为代表的特殊物种非常丰富。同样的，各种各样的恐龙在相互隔绝的大陆上沿着各自的生活轨迹繁衍生息。

恐龙形态的多样化在白垩纪早期凸显出来，到了白垩纪晚期，更是出现了各种"个性派"。这种状态一直延续到 6600 万年前突如其来的恐龙大灭绝。

近距直击

集体狩猎的恐爪龙

群居的恐龙出现了。它们属于小型兽脚类恐龙，长有羽毛，集体狩猎。科学家发现了 4 具恐爪龙的化石，这些化石和禽龙的近亲腱龙的化石是一同出产的。当时很有可能这群恐爪龙正在集体攻击这只长着强壮长尾的腱龙，结果两败俱伤。

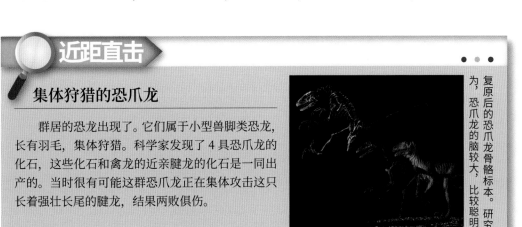

复原后的恐爪龙骨骼标本。研究认为，恐爪龙的脑较大，比较聪明

科学笔记

【地层】 第14页 注1
沙砾、泥土、火山灰、生物遗骸等在地表或海底长时间沉积而成的岩体，多呈沉积岩的形态。通常情况下，地层的截面呈现条纹状，显示出物质沉积的顺序。

【伊沙瓜拉斯托省立公园】
第14页 注2
位于阿根廷圣胡安省，被列入《世界遗产名录》。该公园地处三叠纪晚期地层，从中发掘出了很多早期的恐龙化石。

腕龙
蜥脚类，身长25米
前肢长，后肢短，脖子长，能够吃到高处的树叶。

犹他盗龙
兽脚类，身长7米
大型的肉食性恐龙，后肢的钩爪长达25厘米。

亚欧大陆
北方的大陆和南方的大陆上，动物生态千差万别。特别是在北方大陆上鸟臀类恐龙繁盛，形态多种多样。

北美洲
白令陆桥有一段时期连通着亚洲和北美洲，两块大陆上出现过相同种类。肉食的兽脚类中诞生出了新的属种。

非洲
与北方的大陆相比，南方的大陆上生活着的恐龙属种较老。

恐爪龙
兽脚类，身长3.4米
后肢长有13厘米长的钩爪，是非常强大的武器。

棱齿龙
鸟脚类，身长2.3米
最早发现的小型鸟脚类，动作敏捷，能快速奔跑。

无畏龙
鸟脚类，身长7米
脊柱上长有长长的突起，呈帆状。

南美洲
南方的大陆上，依然可见各式各样的蜥脚类恐龙。

似鳄龙
兽脚类，身长11米
拥有非常长的口鼻部，排列着100颗牙齿，以鱼为食。

阿马加龙
蜥脚类，身长9米
特殊的蜥脚类，背上排列着棘刺状突起。

敏迷龙
甲龙类，身长2米
南半球发现的稀有恐龙，连腹部都覆盖着坚甲。

澳大利亚
白垩纪早期，澳大利亚属于南极圈。气候比现在温暖，生活着许多小型恐龙。

恐龙在世界各地大放异彩

原理揭秘

三叠纪晚期
（约2亿3500万年前—2亿130万年前）

泛大陆
地球上的大陆曾是一个整体，恐龙的区域特征不明显，蜥脚类活跃于整个泛大陆。

板龙
蜥脚类，身长4.8～10米
成群行动，可两足行走。

埃雷拉龙
兽脚类，身长3米
一种最原始的肉食性恐龙，颚部肌肉强健，牙齿呈锯齿状。

始盗龙
蜥脚类，身长1米
长有适用于肉食的锋利牙齿和适用于植食的树叶状牙齿。

乌尔禾龙
剑龙类，身长6米
白垩纪时期的稀有恐龙，背上平行分布着长方形大板骨。

皮萨诺龙
鸟臀类，身长1米
原始的植食性鸟臀类，拥有强有力的颚和敏捷的四肢。

中华鸟龙
兽脚类，身长1米
世界上最早发现的带羽毛恐龙，羽毛有助于保暖。

尾羽龙
兽脚类，身长1米
前肢上长有短羽，无法飞行。尾巴上排列着扇形羽毛。

禽龙
鸟脚类，身长10米
拇指像钉子，嘴较宽，便于撕咬植物。

恐龙的进化

下面这幅图展示了恐龙从祖先开始的分化过程。三叠纪时期，恐龙主要种群已经出现，白垩纪时期进一步分化。

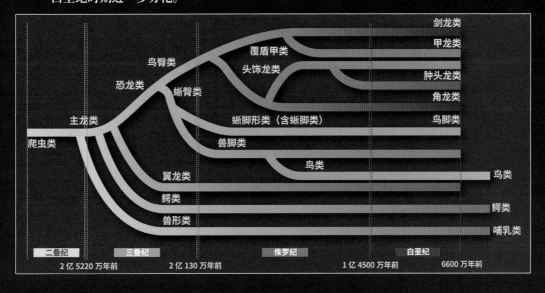

在恐龙化石出产的最原始的地层中发现了兽脚类、蜥脚类、鸟臀类等恐龙化石，这表明恐龙很早就开始多样化。泛大陆继续分裂的白垩纪早期，恐龙的形态已变得形形色色，多种多样。鸟臀类恐龙分化为剑龙类、甲龙类、角龙类、鸟脚类等，有羽毛的兽脚类也陆续出现。

白垩纪时期的气候变化

现在被冰雪覆盖的南北极，在白垩纪时期却是绿意盎然的。

史上最大规模的温室地球出现

距今约1亿年的白垩纪中期，地球进入了前所未有的超级温暖期，南北极的冰也融化了，堪称「温室地球」。造成这种现象的原因到底是什么？

大规模的地壳运动导致全球变暖

现在，人类面临着严峻的全球变暖问题。但是，在地球漫长的历史中，温暖期和寒冷期是交替出现的。约8亿年前—6亿年前，地球处于全球冰冻的冰河时代。同样，地球也经历过远非现在可比的非常温暖的时期——白垩纪。

地质记录清楚地记载着，约1亿年前的白垩纪中期，地球曾出现过史上罕见的超级温暖期。大气中的二氧化碳浓度是现在的4～10倍，平均气温比现在高6～14摄氏度，南北极的冰都融化了。温暖湿润的气候甚至蔓延到高纬度地区，是名副其实的"温室地球"。

这个时代的地层中产出了大量以恐龙为代表的生物化石，表明这个时代物种的多样和繁盛。开花的被子植物也登台亮相。超级温暖的气候孕育出的丰富物种也开始在高纬度地区繁衍生息。当时的极地，植物种类之丰富堪比现在的亚热带森林，恐龙也阔步其中。

这个时代，为什么整个地球变暖了呢？"温室地球"上发生了什么？我们一起来探索吧！

白垩纪时期，南极大陆森林繁茂

根据发现的植物化石再现的白垩纪时期南极大陆的森林。蕨类、裸子植物中的银杏类、开花结果的被子植物等长成大片森林。看到图中隐藏在树背后往这边瞅的小型恐龙了吗？

北极圈内发现小型暴龙科恐龙化石

　　2014年，一篇论文称在美国阿拉斯加州发现的小型恐龙化石属于白垩纪末在北极地区生活的体形偏小的暴龙类恐龙。此前，暴龙类恐龙化石只在中低纬度地区发现过。这一发现表明，它们也在北极地区生活过。该新种类或许是为了适应比白垩纪中期稍冷的环境，才把体形变小的。

根据4块化石复原的恐龙头骨，得知它是暴龙类恐龙的近亲

白垩纪时期的气候变化

◯ 巨大地幔柱的产生过程

地幔最上部坚硬的基岩是板块。俯冲的板块达到一定量后，会进入下地幔——以此作为一部分原动力，别处会形成巨大的地幔柱。

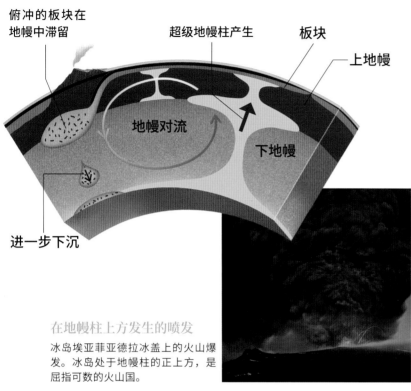

俯冲的板块在地幔中滞留

地幔对流

超级地幔柱产生

板块

上地幔

下地幔

进一步下沉

在地幔柱上方发生的喷发
冰岛埃亚菲亚德拉冰盖上的火山爆发。冰岛处于地幔柱的正上方，是屈指可数的火山国。

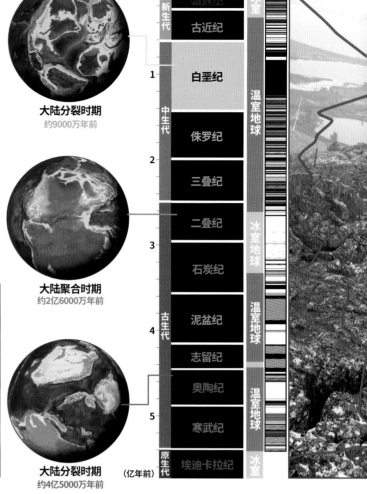

大陆分布

大陆分裂时期
约9000万年前

大陆聚合时期
约2亿6000万年前

大陆分裂时期
约4亿5000万年前

地质时代划分

新生代 — 新近纪 / 古近纪

中生代 — 白垩纪 / 侏罗纪 / 三叠纪

古生代 — 二叠纪 / 石炭纪 / 泥盆纪 / 志留纪 / 奥陶纪 / 寒武纪

原生代 — 埃迪卡拉纪

（亿年前）

冰室 / 温室地球 / 冰室地球 / 温室地球 / 温室地球 / 冰室

地磁倒转

海洋板块生长
（立方千米/年）

现在
我们知道！

撕裂超级大陆的地壳运动
喷发出二氧化碳！

中生代跨越了约2亿年，地球气候总体上是比较温暖的，但其中也有稍稍寒冷的时期，和相对温暖的时期交替出现。而在约1亿年前的白垩纪中期，连两极地区也变得温暖，形成"温室地球"。

造成这种现象的原因到底是什么？探索全球气候变暖机制的关键，乃是大气中二氧化碳浓度的变化。科学家认为，大气中二氧化碳的浓度与气候变化密切相关，浓度高时气候温暖，浓度低时气候寒冷。在"温室地球"出现的白垩纪中期，大气中二氧化碳的浓度高达0.1%～0.25%，大约是现在的4～10倍。

地球上有恒温器？

在中生代，大气中的二氧化碳浓度之所以上升，是因为这一时期火山运动剧烈，喷发出了大量的二氧化碳气体。

那么，二氧化碳浓度上升带来了哪些影响呢？经过漫长的时间，二氧化碳溶于雨水和地下水，溶解

近距直击

白垩纪超静磁带

地球的地磁方向每隔数十万年就会发生一次倒转。但是，白垩纪比较特殊，地球磁极没有倒转，被称为"白垩纪超静磁带"。对这种现象产生的原因说法不一，但很可能是由产生磁场的地球外核对流和地幔活动异常导致的。

地球的南北磁极每隔数十万年就会发生一次倒转。但是在白垩纪，磁极稳定了4000万年，没有发生倒转

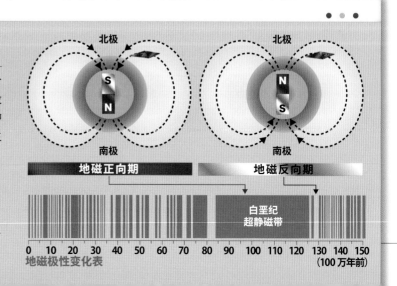

北极

南极

北极

南极

地磁正向期

地磁反向期

白垩纪
超静磁带

0 10 20 30 40 50 60 70 80 90 100 110 120 130 140 150
（100万年前）

地磁极性变化表

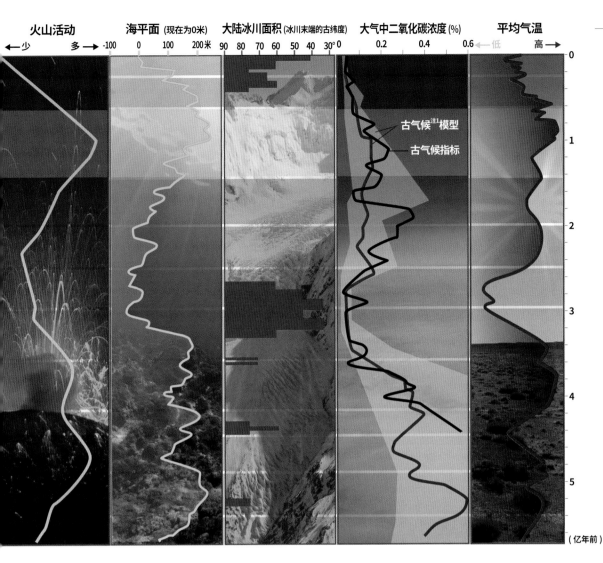

火山活动	海平面 (现在为0米)	大陆冰川面积 (冰川末端的古纬度)	大气中二氧化碳浓度 (%)	平均气温
←少　多→	-100　0　100　200米	90 80 70 60 50 40 30°0	0.2　0.4　0.6	←低　高→

古气候[注1]模型
古气候指标

（亿年前）

地壳运动是气候变化的关键！

◻ 地球过去 6 亿年的环境变迁

比较图中的各条曲线，会发现地壳运动（海洋板块生长量、火山活动）与地球环境变动（海平面、大陆冰川面积、大气中二氧化碳浓度、平均气温）同步增减。而且，它们的增减变化与大陆的分裂、聚合也是同期进行的，并以 3 亿年为周期，不断循环往复。地壳运动和火山活动通过改变大气中二氧化碳浓度进而成为影响地球气候（气温）变化的主要因素。

地表的岩石。这个过程被称为化学风化[注2]，绝大部分二氧化碳化为碳酸盐矿物[注3]或有机物，沉积在海底，之后沉入地下，再经地下的热能恢复成二氧化碳，被释放到大气中。这就是地球的碳循环。在它的作用下，大气中的二氧化碳时增时减，循环往复。

更重要的是，碳循环能够防止极端天气的出现，维持地球环境相对稳定。暖久必寒，寒久必暖，就像是地球的"恒温器"，发挥着调节作用。这种维持气候稳定的机制由美国的沃克教授提出，因此得名"沃克反馈"[注4]。

打破碳循环平衡的地壳运动

如果碳循环正常运转，那么白垩纪中期为什么会出现全球气候变暖的现象呢？

实际上，这是因为这个时期有过量的二氧化碳被释放到大气中，破坏了地球恒温器的功能。超级地幔柱[注5]引发了这起事件。地壳剧烈运动，火山频繁爆发，地幔热流冲破地表，同时向大气释放了大量二氧化碳。可被称为地球内部"失序"现象的大规模地壳运动，催生了"温室地球"。当时的地球发生了二氧化碳浓度升高、平均气温升高、海平面上升等一系列现象。

科学笔记

【古气候】 第21页注1

过去的气候变化。古气候学是根据泥煤沉积物和海洋沉积物中化石、矿物、原子的组成以及形状还原过去某一时期气候的学问。

【化学风化】 第21页注2

岩石在接触到水和空气后经过溶解、氧化、还原等一系列作用，改变原矿物的化学成分，形成新矿物。

【碳酸盐矿物】 第21页注3

金属阳离子与碳酸根结合而成的化合物，天然碳酸盐矿物主要有三种，分别是石灰岩的主要成分方解石、与方解石同质的文石、化学成分为 $CaMg(CO_3)_2$ 的白云石。

【沃克反馈】 第21页注4

1981年，美国密歇根大学教授詹姆斯·C·G·沃克发表了一篇讨论二氧化碳浓度和气候变化关系的论文，题为《维持地球表层温度长期稳定的负反馈机制》，提出了"沃克反馈"的概念。

白垩纪时期的气候变化

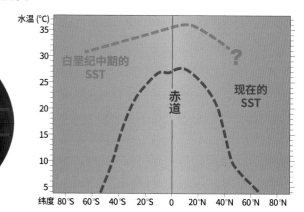

白垩纪时期的海面水温 (SST) 与现在的差异

与现在相比，白垩纪时期海面水温总体较高。而且，比较赤道附近和高纬度地区的海水温度，会发现白垩纪时期高低纬度间的海水温差极其小。

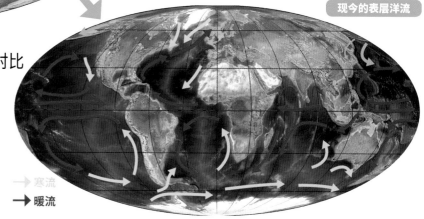

白垩纪时期的大陆分布、洋流与现今状况的对比

白垩纪时期，大陆的分布和现在不同，所以流入大陆间的洋流也有所差异。地球环境中，洋流是热量的"输送带"，对气候产生很大的影响。大约 1 亿年前的白垩纪中期，大西洋扩展，赤道附近的温暖洋流流入。白垩纪时期的地球，连高纬度地区也变暖了，很可能出现上图的洋流。

现今的表层洋流

➡ 寒流
➡ 暖流

全球变暖对洋流的影响

白垩纪中期全球气候异常变暖，洋流产生了巨大的变化。

全球变暖带来的影响在高纬度地区表现得尤为突出。白垩纪中期，高纬度地区的气温上升，高低纬度间气温温差和海水温差比现在小得多。暖流流向高纬度地区，造成两极地区冰雪融化，海平面上升。水深 1000 米以下的深层海水[注6]温度上升，高盐度海水滞留。因此有很多学者认为，白垩纪时期的大洋环流比现在缓慢，甚至处于停滞状态。

白垩纪时期，海洋中出现大规模缺氧现象，"大洋缺氧事件"[注7]时有发生，导致菊石等海洋生物灭绝。事件的起因尚不明确，但与全球气候变暖导致大洋环流停滞有着莫大关系。

科学笔记

【超级地幔柱】第21页注5
上升或下降的地幔热流叫作地幔柱，其中大规模的上升流叫作超级地幔柱。它是导致大陆分裂的原因。

【深层海水】第22页注6
相对于海洋表层参与大洋环流的海水而言，处于水深1000米以下的海水叫作深层海水。几百年来，深层海水一直在全球大规模循环。

【大洋缺氧事件】第22页注7
海洋中大规模无氧或缺氧现象，发生于奥陶纪末、二叠纪末以及白垩纪中期。受其影响，有机物难以分解，形成富含有机物的黑色页岩，广泛分布于海底。

在加拿大阿尔伯塔省发现的黑色页岩

深层海水在哪里下沉？

观点🔄碰撞

大洋环流受海水温度和盐度的影响。现在，海水在高纬度地区冷却后于格陵兰岛和南极地区下沉至海洋深处，流到太平洋和印度洋后上升至海洋表层。

然而，白垩纪中期的情况与之完全不同——海水可能是在赤道附近下沉的。该假说的出发点是：气候变暖使得海水蒸发，以至于低纬度地区海水的盐度和密度增大，发生下沉。

从沙漠地层解读白垩纪时期的大气循环

大气循环和沙漠地带的形成

白垩纪温室期，地球高纬度及两极地区的气温比现在高得多。这表明那个时期从赤道向两极地区输送热量的大气和洋流与现在相比迥然不同。虽然还原距今约1亿多年的大气循环和大洋环流的方法还未找到，但我们发现可以通过沙漠的地层记录还原近年来大气循环的分布及其变化。

观察地球的大气循环会发现，赤道附近上升的湿润空气在空中冷却后形成降雨，向高纬度地区移动并逐渐干燥，在南北纬30度附近副热带高气压带地区变成干燥的空气下降。这个过程称作哈德里环流。因此，南北纬度30度地区多沙漠覆盖。北半球的沙漠，其北部偏西风盛行，南部东北信风盛行。

另一方面，沙漠中分布着许多风成沙丘。沙粒在风中一边堆积一边移动，沙丘中形成大型斜层理构造。换言之，根据风成沙丘地层中记录的大型斜层理的方

记录沙漠分布和风向的风成沙丘

风成沙丘的堆积模型。箭头表示风向。被风力搬运的沙子在沙丘的背风面堆积，形成大型斜层理。

全球变暖时期大气循环系统变化的概念图

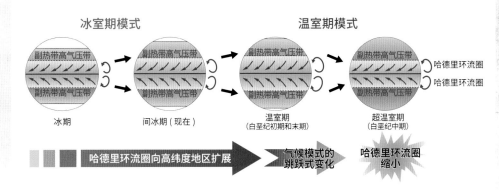

随着气候变暖，哈德里环流圈向陆地中纬度地区扩展，但在气候极端温暖的白垩纪中期，大气循环系统发生了急剧变化（哈德里环流圈戏剧性地缩小，中纬度地区气候非常湿润）。

向，可以还原过去这个地方的风向。利用这个原理分析过去沙漠的分布和风向，便可还原过去的大气循环（副热带高气压带的分布和哈德里环流圈的大小变化）。

全球变暖时，哈德里环流圈缩小

亚洲大陆和南美-非洲大陆上，露出地表的白垩纪时期的沙漠地层记录非常丰富。通过这些记录，还原了白垩纪时期沙漠的分布和风向的时空分布，进而还原整个白垩纪时期的副热带高气压带的分布和哈德里环流圈的大小变化。结果发现，比现在气温稍高些的白垩纪初和白垩纪末，副热带高气压带位于高纬度（30～40度）地区，环流圈比现在要大。

而气候极端温暖的白垩纪中期，副热带高气压带向低纬度（20～30度）地区移动，哈德里环流圈戏剧性地缩小，中纬度大面积区域内气候变得湿润。

最近的研究表明，气候变暖时，哈德里环流圈不断向两极扩展。相反，像冰期这样气候寒冷的时期，哈德里环流圈向赤道方向缩小。根据这些研究结果，可以提出一个假说：随着气候变暖，哈德里环流圈逐渐向两极扩展，陆地中纬度地区变得干燥；但在气候极端温暖的白垩纪中期，大气循环系统切换成迥然不同的模式（哈德里环流圈戏剧性地缩小，中纬度地区气候非常湿润）。

现在，温室效应日益加剧，地球是否会重现白垩纪中期异常的大气循环，这一点有待科学家查证。

长谷川精，1981年生。东京大学研究生院理科研究院地球行星科学专业博士。主要从事温室地球时期的地球表层环境、气候系统变化的研究。主要著作有《沙漠志》（东海大学出版社，合著）、《地球和宇宙化学事典》（朝仓出版社，合著）。

当今全球气候变暖的特征有二：其一是二氧化碳由人类活动产生；其二是二氧化碳浓度在短时间内急剧上升。这是地球上前所未有的现象。尽管不能把现在和过去进行简单的比较（因为大陆的分布不同），但是为了预测气候持续变暖下地球未来的命运，当务之急还是要探明过去气候变暖的形成机制。

分析研究南极大陆冰川是预测未来气候变化的有效手段之一

随手词典

【温室效应】
大气中的二氧化碳和甲烷等被称为温室气体，它们通过吸收并释放红外线，使地球表面变得更暖。

【火成活动】
地球深处的岩浆喷出地表或侵入地壳中的活动。一般分为火山活动与深成活动，也有两者一同发生的情况。

【碳酸钙】
不仅是大理石，而且还是贝类、珊瑚等生物的骨骼及外壳的主要成分。化学式为$CaCO_3$，加热后可分解成二氧化碳和氧化钙（生石灰）。

【岩浆库】
岩浆是地幔物质和地壳岩石熔融后形成的高温液体。地下深处的岩浆上升，大量岩浆滞留，形成岩浆库。

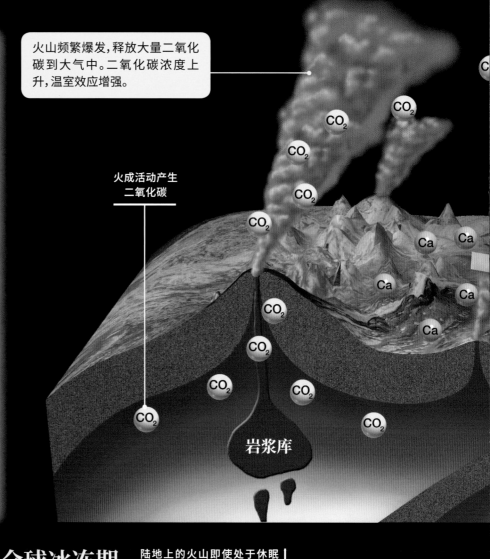

火山频繁爆发，释放大量二氧化碳到大气中。二氧化碳浓度上升，温室效应增强。

火成活动产生二氧化碳

岩浆库

全球冰冻期
（8亿年前—6亿年前）

陆地上的火山即使处于休眠状态仍持续向大气中释放二氧化碳

这个时期，某些原因导致地球海平面下降，化学风化作用增强，导致大气中二氧化碳急速减少，温室效应消失，地表冻结。

地下板块运动和火成活动生成二氧化碳

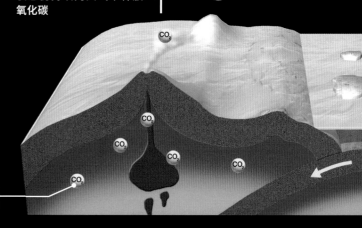

冰室期

只有极地和海拔高的地方存在冰川

二氧化碳的供给与风化作用导致的二氧化碳消耗，使地球处于不偏向某一极端气候的稳定状态。当今的地球，极地存在冰川，正处于偏冷的冰室期。

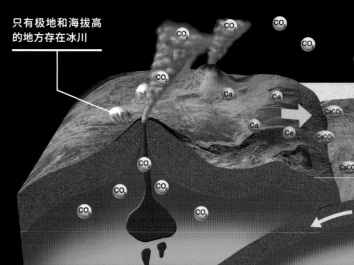

随着气温上升，风化作用加剧。

极端温暖期（白垩纪中期）

大量的二氧化碳被释放到空气中，温室效应加剧，气候极端温暖。但是，由于气温上升促进风化作用，所以空气中的二氧化碳被消耗，浓度下降。经过很长时间，气候又趋于稳定。

一部分二氧化碳溶解到海水中

两极地区冰川融化，加上地幔运动抬升板块，全球范围内海平面上升

沉积的有机物岩层（黑色页岩）

板块运动频繁，导致其自身密度小、质量轻

陆地和海面被冻结，风化作用停滞

因为陆地被冰川覆盖，且又由于板块密度大压制地幔，全球海平面较低

原理揭秘

『失序』的地球内部运动导致碳循环异常

地球内部运动的"失序"，打破碳循环平衡，引起了白垩纪中期的"温室地球"现象。这个时期，地球有哪些异常表现呢？我们来比较一下气候极端寒冷的"全球冰冻期"、白垩纪的极端温暖期以及现在所处的间冰期。在这三个时期，"沃克反馈"一直都在发挥作用，使地球慢慢地恢复到之前的环境，不会长期处于极端气候。

什么是碳循环？

地层深处生成的二氧化碳因火成活动被释放到空气中。空气中的二氧化碳或因陆地风化作用被消耗，或溶解到海水中变成碳酸钙沉积在海底。这种平衡因"沃克反馈"而得以维持。

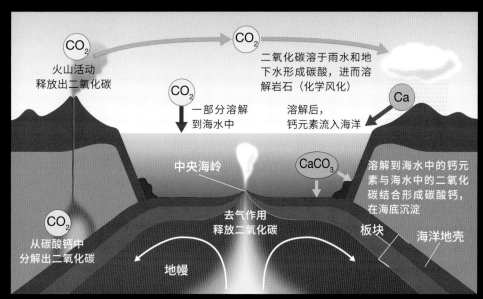

火山活动释放出二氧化碳

二氧化碳溶于雨水和地下水形成碳酸，进而溶解岩石（化学风化）

一部分溶解到海水中

溶解后，钙元素流入海洋

溶解到海水中的钙元素与海水中的二氧化碳结合形成碳酸钙，在海底沉淀

中央海岭

去气作用释放二氧化碳

从碳酸钙中分解出二氧化碳

地幔

板块

海洋地壳

地球博物志

沉积岩

| Sedimentary Rocks |

岁月的结晶

地球上的岩石主要分为火成岩、沉积岩、变质岩三类。其中，沉积岩约占地表裸露岩石的80%。迄今为止，地球上储藏动植物化石的地层基本都是沉积岩。在探索地球史的过程中，作为"解说人"的沉积岩有多少种呢？

沉积岩的种类

岩石受到风化、侵蚀后碎裂掉落会形成颗粒。大多数沉积岩是该颗粒在地表或水底堆积胶结而成的。这种沉积岩被称为"碎屑岩"。除此之外，还有化学成分沉淀形成的化学沉积岩以及源于生物遗骸、火山喷出物的沉积岩。

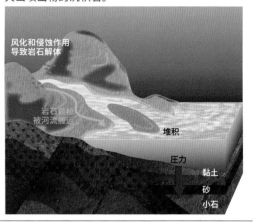

风化和侵蚀作用导致岩石解体

岩石碎粒被河流搬运

堆积

压力

黏土
砂
小石

【砾岩】

| Conglomerate |

由直径为2毫米以上的砾石胶结而成的岩石。有的砾石来源于单一矿物质或岩石，颗粒大小比较均匀；有的砾石由多种矿物质和岩石混杂，颗粒大小不一。前者源于附近地区同质的岩石，后者源自不同地区的岩石。

岐阜县的上麻生砾岩中发现的日本最古老的砾石，有20多亿年的历史

数据	
岩石类型	海相砾岩、淡水砾岩、碎屑岩
主要矿物成分	可能含有所有坚硬的矿物
化石	罕见
主要用途	石墙、建材（浴室墙壁等）

【砂岩】

| Sandstone |

由沙砾（直径为0.0625～2毫米的颗粒）堆积胶结而成的岩石，占地壳沉积岩的10%～20%。砂岩耐侵蚀，常形成雄伟壮丽的自然景观。砂岩多见于海底、河流，也见于风力搬运形成的沙漠中。

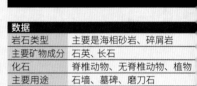

美国羚羊峡谷的砂岩岩壁

数据	
岩石类型	主要是海相砂岩、碎屑岩
主要矿物成分	石英、长石
化石	脊椎动物、无脊椎动物、植物
主要用途	石墙、墓碑、磨刀石

【页岩】

| Shale |

储量最丰富的沉积岩，由黏土颗粒（直径为0.0625毫米以下的颗粒）在海底堆积胶结而成的岩石。颗粒微小，能有效阻断促进生物遗骸分解的氧元素，所以化石保存良好。页岩中有一种油页岩，富含生物遗骸有机物形成的"油母"，从中能提炼出石油。

加拿大巴瑟斯特市自然起火的油页岩

数据	
岩石类型	海相页岩、淡水页岩、碎屑岩
主要矿物成分	石英、方解石
化石	无脊椎动物、脊椎动物、植物
主要用途	工艺品

近距直击

有哪些可以用肉眼区分岩石种类的方法？

沉积岩、岩浆冷却凝固而成的火成岩、沉积岩和火成岩经变质作用后形成的变质岩，让我们来一起看看区分这三类岩石的要点吧！

沉积岩
如果岩石表面具有明显的层理结构，那么该岩石很有可能是沉积岩。其他的岩石中不含有化石，所以有化石的就是沉积岩。

火成岩
矿物结晶呈斑状、等粒状分布。颗粒胶结能力强，结晶不容易被破坏。无薄片层叠似的片状构造。

变质岩
变质岩分为两类：一类是区域变质岩，具有薄片层叠似的片状构造；一类是接触变质岩，纹样不规则。

化石燃料

沉积岩是能源之源

石油和天然气的主要成分碳氢化合物，是在浮游生物沉积而成的岩石中经历漫长岁月逐渐演变形成的物质。远古时代的植物埋藏于地层深处生成的煤炭也是沉积岩。下一代能源——页岩气和页岩油，也是从沉积岩中的页岩层中开采出来的。因此，沉积岩是化石燃料的源泉。

美国科罗拉多州的页岩气开采设备。从页岩层中开采出来的燃气被称为页岩气

【燧石】
| Chert |

由浮游生物放射虫的遗骸堆积而成的岩石，构成放射虫外壳的二氧化硅是其主要成分。图片中的燧石呈红色是因为岩石中含有少量的铁元素。杂质较少的燧石泛白色。两块燧石相互击打会产生火花，所以常用于取火。

数据

岩石类型	海相燧石、生物遗骸堆积而成的燧石	化石	放射虫（微体化石）和海绵动物的骨针
主要矿物成分	石英	主要用途	耐火砖和玻璃原料

【凝灰岩】
| Tuff |

火山喷出物胶结而成的沉积岩。有的是喷出物遇水快速冷却沉积而成，有的是掉落的火山灰和轻石固结而成。当岩石中含有的辉石和角闪石等矿物变成绿色时，便形成了绿色凝灰岩，它是构成日本列岛的主要岩石之一。

宇都宫市的大谷石是代表性的凝灰岩。图为地下采石场。灰岩是产

数据

岩石类型	陆相凝灰岩、海相凝灰岩等
主要矿物成分	火山灰（玻璃屑、石英、长石等）
化石	有
主要用途	建材

【岩盐】
| Halite |

氯化钠为主要成分的岩石。在地壳运动造成海底抬升，陆地上残留的海水蒸发，或盐湖的湖水蒸发后形成的。它是蒸发岩的一种，又被称为远古时代的"海化石"。大多无色透明，含有矿物质或有机物的会呈蓝、红、紫等多种颜色。

现如今也有正在形成岩盐的盐湖，如玻利维亚的乌尤尼盐沼

数据

岩石类型	陆相岩盐、蒸发岩
主要矿物成分	岩盐
化石	无
主要用途	食品、工业原料

【石灰岩】
| Limestone |

在温暖浅海，经过方解石等矿物中碳酸钙结晶沉淀而成或长有石灰质外壳的贝壳和珊瑚等生物遗骸堆积形成的岩石。石灰岩含有大量珊瑚礁化石。科学家认为，现如今的大堡礁在经历漫长的岁月后也将变成石灰岩。

作为白垩纪象征的白垩悬崖也是石灰岩的一种

数据

岩石类型	海相石灰岩、陆相石灰岩、化学沉积石灰岩等
主要矿物成分	方解石
化石	海水和淡水中的无脊椎动物
主要用途	建材、熟石灰

【铝土矿】
| Bauxite |

岩石经风化作用后残留下难以溶于水的铁和铝，堆积成岩。多见于风化作用强烈的热带或亚热带地区。去除铝土矿中的二氧化硅和氧化铁后，便能提炼出金属铝。

数据

岩石类型	陆相沉积型铝土矿、化学沉积型铝土矿	化石	无
主要矿物成分	三水铝石、软水铝石	主要用途	制铝的原料

世界上最清澈的月牙湖

贝加尔湖

位于俄罗斯伊尔库茨克州布里亚特共和国境内，1996 年被列入《世界遗产名录》。

贝加尔湖，呈月牙形，位于广阔的俄罗斯联邦东南部。水深约 1700 米，是世界上最深的湖，诞生于 2500 万年前，也是世界上最古老的湖泊。此处繁衍生息的水生生物超过 1500 种，其中 66% 是特有物种，构成了一个特殊的生态系统，被称为"俄罗斯的加拉帕戈斯"。

贝加尔湖周边的动物

柳雷鸟

身长约 40 厘米，长有红褐色羽毛。一到冬天就会换羽，全身雪白。

贝加尔鲟

约诞生于 2 亿 5000 万年前，身长可达 2 米。

驯鹿

鹿科中唯一一种雌雄皆长角的鹿。鹿角不仅是武器，还是一种刨开雪地觅食的工具。

贝加尔海豹

贝加尔湖的特有物种，是唯一的淡水海豹。体形较小，身长约 1.2 米，处于贝加尔湖生态系统的顶点。

**2月的贝加尔湖，
如宝石般闪耀**

在现今湖泊中，贝加尔湖的面
积为世界第七，蓄水量却是第
一，占除冰川外的地球淡水资
源的 20%。这里的冰由世界
上透明度最高的水结成，在阳
光的照射下呈现出美丽的蓝
色，被誉为"西伯利亚的珍珠"。

在死亡谷国家公园的不毛之地，孤零零地立着一些巨石，其后紧接着是一条条车辙般清晰的移动轨迹

地球之谜

死亡谷里

谁也不曾目睹死亡谷里的巨石是如何移动的！

『会行走的巨石』

巨石真的移动了吗？为了解开『会行走的巨石』这个多年未解之谜，行星学家提出了什么样的新学说？

之字形、圆弧形、漫无目的地游走……荒野中神秘的轨迹。在轨迹的末端，孤零零地立着一块巨石。

死亡谷，位于美国洛杉矶东北约 467 千米处。在死亡谷附近，眼前尽是极度干燥的荒凉之地。

死亡谷的年平均降水量不足 50 毫米，盛夏时期的气温超过 38 摄氏度。1913 年，此处气温达到了监测史上最高的 56.7 摄氏度，犹如人间炼狱。但同样也是在 1913 年，最低气温曾达到零下 10 摄氏度。死亡谷位于海拔 3000 多米的高山山麓，就是这种地形形成了极端的气候。

神秘的移动巨石位于死亡谷国家公园内的赛马场盐湖，谁也没见过它们是怎样移动的。

裂痕斑驳的大地表面，出现一条条如轮胎痕迹一般长的轨迹。对此我们不禁产生疑问：到底是谁在捣鬼？

这些轨迹，或笔直向前，或呈之字形，或呈大圆弧，或险些撞上又互相避开，或交错，令人匪夷所思。

从 1948 年开始，人们开始研究并调查这些现象，很多地质学家、物理学家以及业余爱好者参与进来，希望能够破解巨石移动之谜。

是人或动物之力使它移动？是某种扭曲的强大磁场？是地球引力的作用？是地震产生的影响？是石头表面长出的藻类使它与地面的摩擦力减小？莫非是石头中有某种神秘的力量？更有甚者，认为是外星人所为。

用随处可见的厨房用具破解巨石移动之谜

在众多解释中，最获专家支持的是冰川导致巨石移动这一说法。但并不是所有的巨石都向同一方向移动，这个说法也被推翻了。

1996 年，加州理工学院的团队通过研究发现隆冬时节的死亡谷中风速可达 38.9 米/秒，提出"风吹动说"。然而，巨石中有的重量超过了 300 千克，必须是 66.7 米/秒以上的强风才可使其移动。因此，这一说法也不攻自破。

行星学家拉尔夫·洛伦兹，英国人。在研究行星气候条件时，对死亡谷巨石移动之谜产生了浓厚的兴趣

就像有一只看不见的手在指引它向前移动，留下一条长长的轨迹，同秘鲁的纳斯卡线条画和英国的麦田怪圈一般神秘莫测

这些痕迹容易让人产生这样一种错觉：巨石是出于自身意志，随心所欲地来回移动的

2006 年，约翰·霍普金斯大学的行星学家拉尔夫·洛伦兹开始挑战死亡谷巨石移动之谜。他长期参与美国国家航空航天局土卫六泰坦的探索工程。他之所以对这一未解之谜感兴趣，其实是因为他发现死亡谷的赛马场盐湖和土卫六泰坦的地形很相似。

他想到以前在书中看到的一句话：在北极，被冰块包裹的岩石会产生浮力，沿着海岸线移动。死亡谷的冬天和北极一样寒冷，他推测死亡谷的巨石移动现象有可能和北极发生的岩石漂移现象相同。

为了验证猜想，拉尔夫并没有使用大型设备，而是利用自家厨房的食品容器和小石头做起了实验。

首先是制作被冰包裹的石头。他在容器里注水，放进石头，让石头露出水面约2.5厘米，然后把容器放入冰箱冷冻。

在赛马场盐湖，进入冬季后降雨，雨水汇聚，形成浅湖。根据这种现象，拉尔夫随后准备了一个托盘，在其底部铺上一层细沙并倒入水，仿制赛马场盐湖形成的浅水湖。接下来，他把事先准备好的冷冻的小石头颠倒过来（冒出冰面的部分朝下）放入托盘中。只见被冰包裹的小石头获得浮力，在水中漂浮了起来。这时从一侧对着石头吹气，小石头移动了，同时在托盘底部的沙面上留下一道痕迹。

拉尔夫由此给出一个新的解释：被冰包裹的石头放入水中浮起来，同时在风力的驱动下漂移，在地面上留下痕迹。

另外，他还推测巨石的移动是在极寒的黎明时分，狂风呼啸的几十秒内发生的。为了验证自己的实验结果，拉尔夫计划不久之后在整个赛马场盐湖安装电子摄像机以拍摄巨石移动的画面。

Q "大西洋"名称的由来是什么？

A 原本古希腊人称呼大西洋为"阿特兰提考"，来源于古希腊神话中站立在世界最西端的巨神阿特拉斯。而古罗马人称大西洋为"西方大洋"，"大西洋"之名由此而来。而太平洋则是由葡萄牙探险家麦哲伦命名的。1520—1521年，麦哲伦经过当时名为"南海"的太平洋，有感于风平浪静的洋面，遂将"南海"改名为太平洋。

Q 恐龙的寿命有多长？

A 推断恐龙年龄的方法有好几种，但几乎都是通过恐龙骨头内部结构来推断的。其中，最常用的是"骨骼年轮法"。爬行类动物的骨骼如同树木，每长一岁，骨头上便会多一圈年轮。因此，通过计算这些年轮的数量就能推断出恐龙的年龄。现在，科学家已经推断出霸王龙、板龙和雷龙的年龄。霸王龙最多能活30年左右，但60%的霸王龙活不过2岁，能活到28岁的仅有2%。蜥脚类恐龙基本上能活到25岁左右。然而，这种根据骨头上的年轮来推断恐龙年龄的方法也有弊端。当恐龙进入高龄化阶段，生长变得缓慢，这时一圈年轮并不能代表恐龙的年龄只增长了1岁，所以难以准确地推断出恐龙的实际年龄。有人说蜥脚类恐龙的寿命可达100岁，也有研究认为超龙能活到130岁。

现在已经得到确认的最长寿的恐龙是霸王龙斯科蒂，年龄为28岁

Q 大陆以怎样的速度移动？

A 地球上各个大陆现在仍然以每年几厘米的速度在移动。更准确的说法是"驮"着大陆的板块在不断漂移。漂移速度有所不同，有的板块每年移动1厘米左右，有的板块每年移动近10厘米。例如，太平洋海底的太平洋板块以每年10厘米的速度向西移动，在东日本海底的日本海沟处向地球内部俯冲。而大西洋则因板块漂移以每年1～3厘米的速度向东西方向不断扩张。

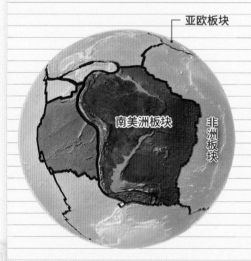

亚欧板块

南美洲板块

非洲板块

"驮"着南美洲大陆的南美洲板块正渐渐远离非洲板块。而非洲大陆向北面的亚欧大陆不断靠近，所以现在大西洋还在持续扩张

Q 现在所说的"全球变暖"和过去的"温室地球"，有何不同？

A 现在我们所经历的"全球变暖"现象是由大量的温室气体（二氧化碳、甲烷、对流层臭氧、氟碳化合物）排放到空气中造成的，和白垩纪时期"温室地球"的成因看似相同，其实二者有着根本性的差异。第一，温室气体来源不同。白垩纪时期温室气体增加的原因是火山频繁爆发，而现在则是因为人类燃烧了大量的化石燃料；第二，气候变暖速度不同。白垩纪时期的气温每100年仅上升0.000025摄氏度；而现在全球气温上升速度极快，依照现有数据推测，平均每100年气温将升高1～4摄氏度。约5600万年前也曾出现全球变暖，当时气温不过是每100年上升0.025摄氏度。由此可见，当今的全球变暖是多么不同寻常。

气候急速变暖的地球，未来会是怎样一番景象呢？

从恐龙到鸟

1亿5000万年前—6600万年前

[中生代]

中生代是指2亿5217万年前—6600万年前的时代，是地球史上气候尤为温暖的时期，也是恐龙在世界范围内逐渐繁荣的时期。

第 35 页　图片 / 阿玛纳图片社
第 36 页　图片 / 路易斯·马扎腾塔 / 国家地理 / 阿玛纳图片社
第 38 页　插画 / 月本佳代美
第 39 页　插画 / 齐藤志乃
第 41 页　插画 / 朱丽斯·可托尼
第 42 页　图片 / 联合图片社
　　　　　图片 / PPS
　　　　　图片 / PPS
　　　　　图片 / Aflo
第 43 页　图片 / 阿拉米图库
　　　　　插画 / 服部雅人
　　　　　插画 / 真壁晓夫
第 44 页　图片 / 阿拉米图库
　　　　　插画 / 三好南里
　　　　　图片 / 田村宏治
　　　　　插画 / 三好南里
第 45 页　图片 / 小林快次
　　　　　图片 / PPS
第 47 页　图片 / PPS
　　　　　插画 / 三好南里
　　　　　插画 / 上村一树
第 48 页　图片 / 伦敦自然历史博物馆
第 49 页　图片 / 123RF
第 50 页　图片 / PPS
　　　　　图片 / 联合图片社
　　　　　插画 / 三好南里
第 51 页　本页图片均由 PPS 提供
第 53 页　插画 / 上村一树
第 55 页　图片 / PPS
　　　　　图片 / 平山廉
第 56 页　图片 / 穗别博物馆
　　　　　图片 / PPS
　　　　　图片 / 穗别博物馆
　　　　　插画 / 小田隆
第 57 页　图片 / 白山市教育委员会
　　　　　图片 / 科罗拉多高原地理系统公司
　　　　　插画 / 菊谷诗子
　　　　　图片 / PPS
　　　　　图片 / PPS
第 58 页　图片 / 徐星
　　　　　插画 / 服部雅人
　　　　　插画 / 服部雅人
　　　　　图片 / PPS
第 59 页　插画 / 服部雅人
　　　　　图片 / PPS
　　　　　图片 / PPS
　　　　　插画 / 服部雅人
　　　　　图片 / PPS
　　　　　图片 / 阿玛纳图片社
　　　　　图片 / 朝日新闻社
　　　　　图片 / PPS
　　　　　插画 / 服部雅人
第 60 页　图片 / PPS
第 61 页　图片 / 国家地理 / 阿玛纳图片社
第 62 页　图片 / 联合图片社
第 63 页　图片 / Aflo
　　　　　图片 / 联合图片社
　　　　　图片 / 联合图片社
第 64 页　图片 / PPS
　　　　　图片 / 阿玛纳图片社
　　　　　图片 / PPS

—顾问寄语—

北海道大学综合博物馆副教授　小林快次

在天空中翱翔的鸟儿，是适应飞翔并成功实现多样化的脊椎动物。

现生鸟类的种类达到了一万种以上，是哺乳动物的数倍。

约 6600 万年前，因陨石撞击地球导致恐龙大面积灭绝后的新生代，

虽然被称作哺乳动物的时代，但从种类数量上来看，其实是鸟类更繁荣。

因此也有"现在不是哺乳动物的时代，而是鸟类的时代"这样的说法。

那么鸟类是如何进化的呢？就让我们来一探究竟吧！

与 "缺失环节" 有关的地方

中国东北部的辽宁省。在白垩纪时期，这一带活跃着各
种各样的带羽毛恐龙。随着带羽毛恐龙的化石在这一带
不断被发现，恐龙与鸟类中间的缺失环节渐渐变得明晰，
鸟类是由恐龙进化而来的理论也得到了充分的佐证。人
们普遍认为，带羽毛恐龙的羽毛主要用来展示形象。这
样看来，这片区域或许曾是恐龙们的"社交场所"。

阴云笼罩下的
辽宁省四合屯化石产地

白垩纪早期的辽宁省地区，火山活动十分
频繁。因此这一带形成了十分广阔的火山
灰堆积层，我们称其为"热河层"。这些
火山灰对保持化石的良好状态做出了很大
的贡献。辽宁省西部的四合屯化石产地也
因发现带羽毛恐龙的化石而世界闻名。

远古 "滑翔机"

这种前肢与后肢被覆羽毛、拥有华丽四翼的生物，我们称之为小盗龙。小盗龙是肉食性恐龙，能在障碍物众多的森林中，自由地在空中滑行，在枝头飞越。这种形态与现在的飞鼠，又或者说滑翔机非常相似。这种带羽毛恐龙的飞行动物，不仅证实了鸟类是由恐龙进化而来的，还向世人诉说着鸟类其实就是"活恐龙"。

带羽毛恐龙的诞生

没想到还有恐龙明明不会飞却长着翅膀呀！

羽毛生长之时，新的进化就此开始

随着带有羽毛的恐龙化石被相继发现，「鸟由恐龙进化而成」的假说也渐渐得到了佐证。然而新的未解之谜又出现了。

翅膀的进化与飞翔无关

很久以前，就有"鸟由恐龙进化而成"的说法，因为最原始的鸟类化石——始祖鸟拥有与恐龙相似的特征。

20 世纪 90 年代以来，中国境内相继发现了多种带羽毛恐龙的化石，让鸟类的"恐龙起源说"变得更加明确。学界逐渐将研究的重点放到了"恐龙是在什么时候、通过怎样的方式拥有翅膀"的问题上。

2012 年，一项突破性的研究成果问世：科学家在加拿大阿尔伯塔省出产的化石中发现兽脚类恐龙似鸟龙的成体也拥有翅膀。

从形态来看，似鸟龙形似鸵鸟，似乎并不会飞翔。不能飞翔却拥有翅膀，那么翅膀的存在意义是什么呢？

我们都见过天空中飞翔的鸟类，也始终认为翅膀是为了飞翔而生。然而，这只不过是漫长地球史中的一个片段。随着带羽毛恐龙的化石不断被发现，新的进化路径也渐渐浮出水面。

似鸟龙

| *Ornithomimus* |

全长约 3.5 米，有鸵鸟恐龙的别名。
根据美日加三国的共同研究成果，我
们可以确定似鸟龙长有翅膀。带翼恐
龙属于恐龙中最原始的种类。图片左
下方是 1 岁左右的幼龙。虽然在幼龙
的化石上并没有发现翅膀，但这一发
现依然为翅膀作用的解读提供了一个
新的方向。

带羽毛恐龙的翅膀是『长大成龙』的标志！

20世纪60年代，在发现带羽毛恐龙[注1]的化石之前，约翰·奥斯特罗姆曾经从解剖学的角度指出鸟类和恐龙在颈椎、耻骨、腕骨、胸骨等处的构造有着相似之处。

而现在长有羽毛的动物，只有鸟类。即便将古生物算在内，长有羽毛的也只有兽脚类[注2]和鸟类。自1996年发现中华龙鸟的化石以来，带羽毛恐龙的化石不断被发现，鸟类的"恐龙起源说"也变得越来越清晰。

鸟类是恐龙的一个种群

根据以上发现及研究成果，近年学术界将恐龙看作"三角龙和鸟类的最近共同祖先及其所有后裔"。也就是说，鸟类也是恐龙的一种。针对这一点，北海道大学综合博物馆副教授小林快次指出"鸟类由恐龙进化而来"这一说法是错误的。我们人类是哺乳动物，但不能说"人类由哺乳动物进化而来"。严格来讲，"鸟类由非鸟型恐龙进化而来"或"鸟类由中生代的恐龙进化而来"的说法相对更准确。

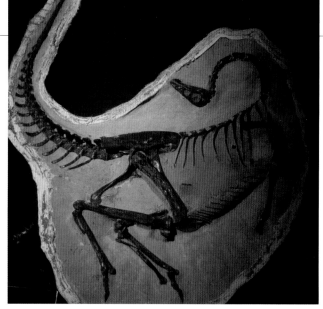

似鸟龙化石

上图是10岁左右的成年似鸟龙化石，从中可以清楚地看到翅膀。有的个体头部还残留着羽毛。似鸟龙是北美大陆上最先被发现的带羽毛恐龙。

带羽毛恐龙化石的发掘现场

带羽毛恐龙的化石在辽宁省白垩纪早期的沉积层中被相继发现。除了恐龙，这里还发现了早期鸟类、原始的哺乳生物与昆虫的化石。根据地层群的名称，这片区域被称作热河生物群。当时火山活动十分频繁，沉积的火山灰将化石完整地保存了下来。

解析翅膀的作用

羽毛一开始是用来给身体保温的，构造简单，类似绒毛。不久，出现了长有翅膀的恐龙。

关于翅膀的出现目前为止有四种假说。

① 现生鸟类的翅膀是用来飞翔的，恐龙的翅膀也是为了飞翔而逐渐演化的。

② 翅膀可以遮挡一些小型哺乳动物的前进方向，掸落昆虫，从而更好地捕食猎物。

③ 翅膀有助于奔跑时平衡身体。

拥有扇形尾翼的尾羽龙（白垩纪早期）的复原图

虽然羽毛的颜色还未知，但如果是用于求偶行为的话，色彩一定十分炫目。

杰出人物

颠覆恐龙研究视角并主张鸟类的"恐龙起源说"

奥斯特罗姆是主张"鸟类是由恐龙进化而来"的美国古生物学家。他指出白垩纪早期兽脚类恐爪龙的骨骼与鸟类有共同的构造，以及始祖鸟化石和恐龙的骨骼有共同的构造。此外，他还将拥有利爪、尾部生有较长肌腱的恐爪龙定义为"灵活的捕食者"，更新了人们自19世纪以来对恐龙只是"笨重的蜥蜴"的固有认知。

奥斯特罗姆的恐龙研究有巨大的突破和影响力，足以被称为"恐龙研究的文艺复兴"。

古生物学者
约翰·奥斯特罗姆
（1928—2005）

④ 和现生鸟类一样，在快摔倒的时候张开翅膀可以保持身体的平衡。彩色的羽毛还可以吸引异性，从而达到繁殖的目的。

根据似鸟龙的研究报告，翅膀与飞翔并无关系，因此第一种假说不成立。因为似鸟龙是植食性恐龙，所以第二种假说也不太站得住脚。跑得快是似鸟龙的特点之一，这样看来，第三种假说有一定的说服力。不过在一岁左右的小似鸟龙的化石中并没有发现翅膀，它和成年似鸟龙的奔跑速度一样快，如果翅膀与奔跑速度有关的话，那么小似鸟龙身上也一定长有翅膀才对。

因此，现在可信度最高的是第四种假说。和孔雀一样，许多鸟类都会为了繁殖，在求偶过程中展现它们的羽翼。此外，在孵卵的时候，羽毛也有着保温的作用。因此，翅膀是不可或缺的。

20 世纪 90 年代，带羽毛恐龙窃蛋龙孵卵时的化石被发现。科学家认为窃蛋龙是和鸟类非常接近的一种恐龙。至少兽脚类在这一阶段已经习得孵卵这一技能的可能性非常高。

如果从翅膀的作用是吸引异性与孵卵这个层面来考虑的话，只有成熟的个体才长有翅膀的假说就可以成立了。对于带羽毛恐龙来说，拥有翅膀就意味着可以进行繁殖。因此，带羽毛恐

你也是恐龙的小伙伴哦！

◻ 恐龙与鸟类的定义

根据腰带构造的不同，我们可以将恐龙分为鸟臀目与蜥臀目。蜥臀目中以肉食性恐龙为主的兽脚类生物后来进化成了鸟类。

三角龙

鸟类

副栉龙

甲龙

暴龙

其他蜥臀目

其他鸟臀目

剑龙

阿根廷龙

鸟臀目

蜥臀目

三角龙和鸟类的共同祖先

带羽毛恐龙的诞生

龙的翅膀就是"长大成龙"的标志。

翅膀渐渐可以用于飞翔

带羽毛恐龙的羽翼随着时代的发展，渐渐出现了多样的进化。羽根生有细毛的部分（羽枝）和细小的钩状突起相互咬合，逐渐形成了易于"捕捉"空气的正羽。再后来进化出左右不对称、能产生推力与升力、适合飞翔的飞羽。

白垩纪早期中国鸟龙的前肢具有和现生鸟类构造相似的飞羽。2003年，有研究指出白垩纪早期顾氏小盗龙的四肢均有飞羽。小盗龙并非生有两翼，而是生有四翼。当时，四翼生物尚未被世人所知晓，因此该研究结果令学界震惊。我们总是以现生鸟类为基准，因此想当然地认为两翼生物是自然界的常态，然而生物进化的进程却往往超乎我们的想象。不久，在侏罗纪晚期伤齿龙科的近鸟龙等兽脚类与鸟类的化石中也相继发现了四翼生物。

虽然关于小盗龙如何使用四翼众说纷纭，但科学家普遍认为小盗龙是使用飞羽来飞翔的。

曾经我们将鸟类定义为"拥

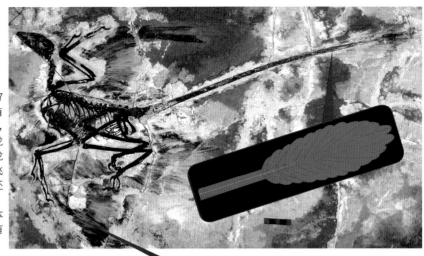

顾氏小盗龙
Microraptor gui

顾氏小盗龙是全长约77厘米、白垩纪早期拥有发达羽翼的带羽毛恐龙，和鸟类的近亲——驰龙属于同类。顾氏小盗龙的前肢有12根初级飞羽，主要提供推力，还有大约18根次级飞羽，主要提供升力，这基本上可以确定翅膀是拥有飞翔功能的。

有飞翔能力(这里包含企鹅等丧失飞翔能力的动物)、被覆羽毛的脊椎动物"。然而，现在看来兽脚类的恐龙中就有既会飞翔又长有羽毛的种类。现在对于鸟类的定义变成了"已经发育了翅膀和飞行羽毛的生物"。鸟类是生有羽毛的恐龙中的一类，那就是进化出了特殊的前肢并拥有飞翔能力的一个种群。

带羽毛恐龙化石的发现，让恐龙研究从解答"鸟类是否由恐龙进化而来"变成了解答"鸟是如何由恐龙进化而来"，令恐龙的研究上升到了一个新的阶段。

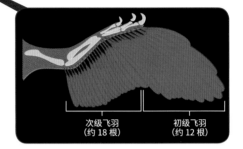

次级飞羽
（约18根）　初级飞羽
（约12根）

科学笔记

【带羽毛恐龙】 第42页注1
拥有羽毛的恐龙的统称。1996年于辽宁省发现的中华龙鸟，是第一只被归类为带羽毛恐龙的生物，成了鸟类的"恐龙起源说"的决定性依据。

【兽脚类】 第42页注2
以肉食性恐龙为主的两足类恐龙。兽脚类中不仅有暴龙这种有名的大型肉食性恐龙，还有植食性恐龙。近年来的研究发现，这类恐龙中也有许多被覆羽毛的种类。

新闻聚焦

恐龙与鸟类的指骨矛盾得到解决！

兽脚类和鸟类前肢的指骨都是3根，相比于兽脚类的1-2-3指（拇指、食指、中指），通过观察鸟类胚胎发现其指骨看上去更像2-3-4指（食指、中指、无名指）。2011年，日本东北大学田村宏治教授的研究团队，采用"细胞标记"的方法对指骨的生长基因进行分析。经过研究调查发现，鸟类翅膀的3根指骨和兽脚类前肢的指骨都同样是由1-2-3指（拇指、食指、中指）发育而来的，从而解决了这一困扰学界多年的难题。

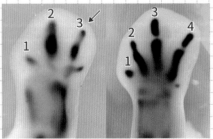

鸡的前肢（左）与后肢（右）指骨的发育部分。因为箭头所指的地方与后肢的第4指（无名指）位置相同，所以学者误以为这也是第4指（无名指）。研究发现，箭头所指的地方其实是器官发育前、细胞位置发生移动形成的第3指（中指）

从恐龙到鸟类的指骨变化

恐爪龙等兽脚类动物的4-5指退化，1-3指保留。这点与现生鸟类是相通的。

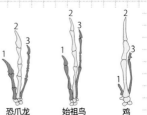

恐爪龙　　始祖鸟　　鸡

鸟类的起源是植食性动物还是肉食性动物？

鸟类因何而飞翔

当人们研究鸟类时，经常会着眼于飞翔的起源。除了鸟类，脊椎动物中几乎没有可以如此自由地翱翔于天际的动物。那么鸟类是如何取得空中霸主的地位的呢？虽然鸟类长有翅膀才能飞翔，但翅膀却并非仅仅为了飞翔而进化。

我时常会有这样的疑问：鸟类究竟是因为会飞所以自然而然地选择了飞翔，还是不得已才选择飞翔？这个问题的本质其实是鸟类是从占优势的肉食性恐龙进化而来的，还是从占劣势的植食性恐龙进化而来的。

现在学界普遍认为鸟类是单一起源，从中生代兽脚类虚骨龙类进化而来。兽脚类的代表是暴龙，一般都是肉食性恐龙。恐龙在中生代称霸地球，实现种类多样化，但适应肉食的只有兽脚类。

现生鸟类，有着肉食、植食（谷食）等各种习性。科学家由此猜想，中生代时期的兽脚类虽然最初是肉食的，但在逐步向鸟类进化的过程中，适应了杂食·植食。

■ 鸟类丰富的食性

现生鸟类，从猛禽这样的肉食性动物，到凤头鹦鹉这样的植食（谷食）性动物，种类多样。食性的变化中隐藏着探索鸟类起源的重大线索。图为正在捕猎的白尾海雕。

■ 适应了植食的义县建昌龙

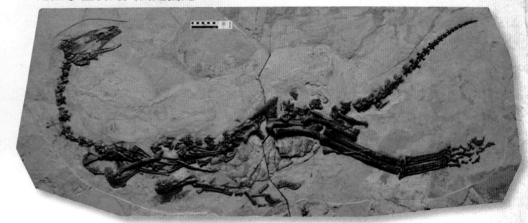

在中国辽宁省发现的义县建昌龙，牙齿与颚的结构都与植食性恐龙似鸟龙和窃蛋龙十分相似。

关键在于大脑的进化

那么，兽脚类是怎样从肉食动物进化成杂食·植食动物的呢？这一问题非常重要。因为据此，鸟类起源的思考方向也会发生一百八十度惊天逆转。能够想到的假说有二：一、从肉食性恐龙进化而来，二、从杂食·植食性恐龙进化而来。换句话说，第一种假说即鸟类是从食物链的强者（肉食性动物）进化而来，第二种假说即鸟类是从食物链底端那些希望飞向天空寻求庇护的弱者（杂食·植食性动物）进化而来的。因此要想弄清鸟类进化的过程，了解鸟类食性的进化是非常重要的。

根据我的研究，这两种假说都成立。因此，鸟类到底是通过哪一种假说进化的现在还没有定论。支持第一种假说的关键在于恐龙的大脑结构。包括虚骨龙类在内的兽脚类动物本来就是肉食性动物，似鸟龙、窃蛋龙等恐龙是后天独自适应植食的。此外，我在2013年发表的论文《镰刀龙类义县建昌龙》中指出，虚骨龙类的进化方向非常接近植食性动物。这一观点得到了学术界的支持。如果虚骨龙类在进化成鸟类之前就有植食性物种的话，那么鸟类也有可能是从植食性动物进化而来的。

虽然我的研究没能得出确切的结果，但就我个人而言更倾向于第一种假说。大脑是控制身体结构与行动的中枢，因此通过分析大脑的结构，能更真实地还原进化过程。虽然这一研究还未在学刊上发表，但我认为从身体结构的进化过程来看，也能得出鸟类是从食物链的强者——肉食性恐龙进化而来的结论。

小林快次，1971年生。1995年毕业于美国怀俄明大学地质学专业，获得地球物理学科优秀奖。2004年在美国南卫理公会大学地球科学科取得博士学位。主要从事恐龙等主龙类的研究。

随手词典

【进化发育生物学】
进化发育生物学是一门研究遗传变化的发育机制与进化过程的学问。一般称作Evo-Devo，即Evolutionary Developmental Biology的缩写。这里提到的假说是基于"如果调查羽毛的发育过程，可以了解到处于进化初期的原始羽毛构造"而展开的。

【角蛋白】
角蛋白是具有一定硬度的纤维状蛋白质。主要用于形成毛发、指甲与鳞片。皮肤最外侧角蛋白增生突起，相互重叠构成一种稳定的结构，从而形成了羽毛。

【升力】
即令物体能沿着行进方向垂直运动的力。飞羽在翅膀内侧重合，形成流线型曲面将空气下压，从而产生升力。

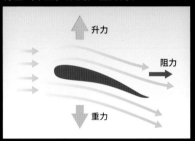

近距直击

鸟类拥有着处于不同阶段的羽毛

雏鸟在刚出生的时候会长有阶段1的那种管状羽毛。此时具有保温和防水功能的绒羽还未长成，小羽枝呈穗状聚集在羽枝上，形态类似于阶段3。从现生鸟类的发育过程中，我们可以观察到各个阶段的羽毛。这也就证实了不论在哪个阶段，羽毛都是从羽囊中长出来的，为本页提出的"羽毛进化的5个阶段"提供了坚实的依据。

拥有管状羽毛的黑杜鹃幼鸟

带羽毛恐龙和羽毛的种类

恐龙拥有种类丰富的羽毛和翅膀。通过下图，我们可以了解到，哪一种恐龙进化成了鸟，以及哪个种群与鸟类更接近。

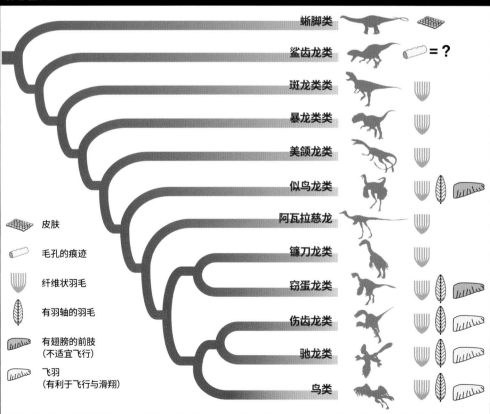

- 皮肤
- 毛孔的痕迹
- 纤维状羽毛
- 有羽轴的羽毛
- 有翅膀的前肢（不适宜飞行）
- 飞羽（有利于飞行与滑翔）

蜥脚类
鲨齿龙类 = ？
斑龙类类
暴龙类类
美颌龙类
似鸟龙类
阿瓦拉慈龙
镰刀龙类
窃蛋龙类
伤齿龙类
驰龙类
鸟类

放大图

羽枝
羽轴
小羽枝

阶段 3
长出羽轴、羽枝、小羽枝的羽毛

究竟是先长出3A还是3B我们不得而知，但这两部分的特征进化之后，就会生成羽轴、羽枝和小羽枝，两侧分别生长，就形成了羽毛。

阶段 4
封闭型正羽

小羽枝上的小型钩状突起勾住羽槽，令羽枝不会散开，飞翔的时候可以阻挡空气的进入，因此叫作封闭型正羽。

羽轴

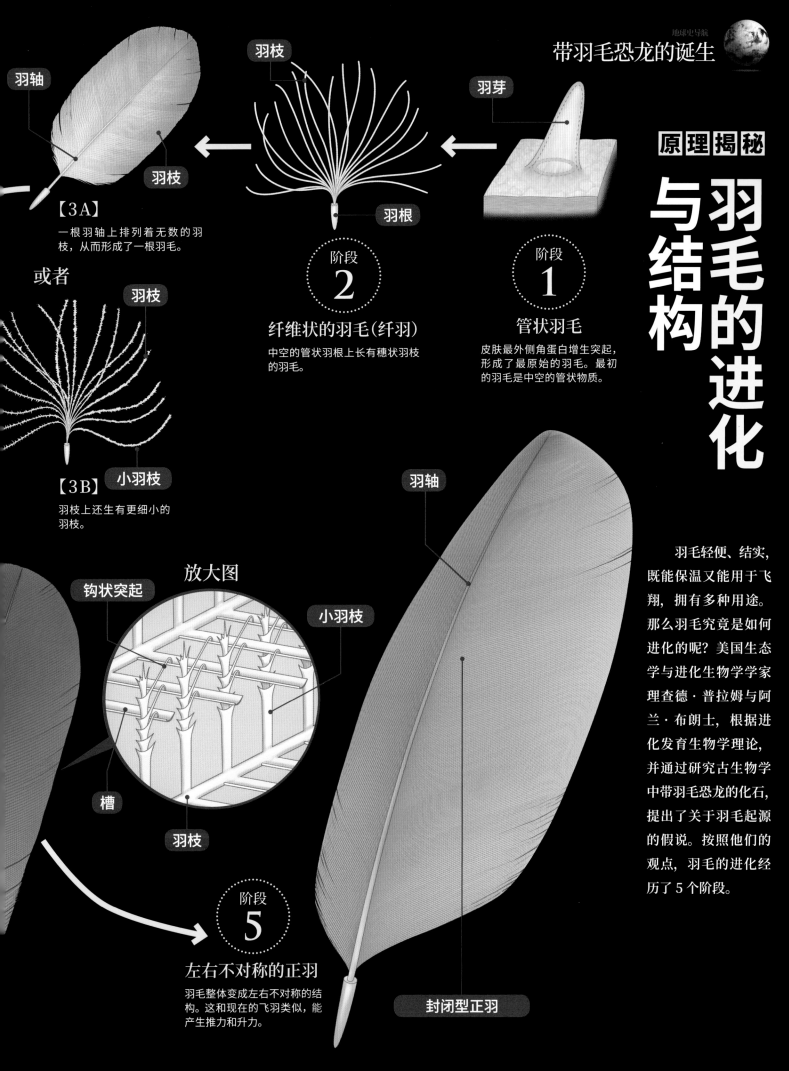

原理揭秘

羽毛的进化与结构

羽毛轻便、结实，既能保温又能用于飞翔，拥有多种用途。那么羽毛究竟是如何进化的呢？美国生态学与进化生物学学家理查德·普拉姆与阿兰·布朗士，根据进化发育生物学理论，并通过研究古生物学中带羽毛恐龙的化石，提出了关于羽毛起源的假说。按照他们的观点，羽毛的进化经历了5个阶段。

羽轴

羽枝

羽枝

羽芽

阶段 2

纤维状的羽毛（纤羽）

中空的管状羽根上长有穗状羽枝的羽毛。

羽根

阶段 1

管状羽毛

皮肤最外侧角蛋白增生突起，形成了最原始的羽毛。最初的羽毛是中空的管状物质。

羽轴

【3A】

一根羽轴上排列着无数的羽枝，从而形成了一根羽毛。

或者

羽枝

【3B】

羽枝上还生有更细小的羽枝。

小羽枝

放大图

钩状突起

小羽枝

槽

羽枝

羽轴

阶段 5

左右不对称的正羽

羽毛整体变成左右不对称的结构。这和现在的飞羽类似，能产生推力和升力。

封闭型正羽

成为鸟类之路

始祖鸟与真鸟类出现，带羽毛恐龙征服天际

拥有了羽毛和翅膀并能飞翔的恐龙，将这些特征不断进化，鸟类因此出现。

更加原始的鸟类引起新争论

现生鸟类的直系祖先是白垩纪早期出现的真鸟类。最原始的鸟类是始祖鸟，其化石于 1861 年在德国巴伐利亚州索伦霍芬的侏罗纪晚期地层被发现。

那时达尔文的进化论刚发表了两年。与爬行类具有相似骨骼的始祖鸟，作为爬行类与鸟类的中间过渡生物引起了广泛的注意。就连达尔文自己也在与朋友的信中提到"这是支持进化论非常有力的证明"。

当时也有恐龙与鸟类都是从槽齿类（也就是现在所说的主龙类）进化而来和鸟类是从鳄鱼的同类进化而来的说法。此后，随着带羽毛恐龙的化石相继被发现，鸟类的"恐龙起源说"就变得更加明确。

然而，随着研究的深入，科学家发现带羽毛恐龙虽然有着"拥有羽毛、在空中飞翔"等鸟类独有的特征，却依然属于恐龙。于是，关于"始祖鸟究竟是不是鸟类"的争论就出现了。

始祖鸟复原图

前肢（翅膀）上的钩爪与颚上锐利的牙齿是现生鸟类所不具备的特征。而后肢能牢牢抓住树干的特征又与现生鸟类相似。

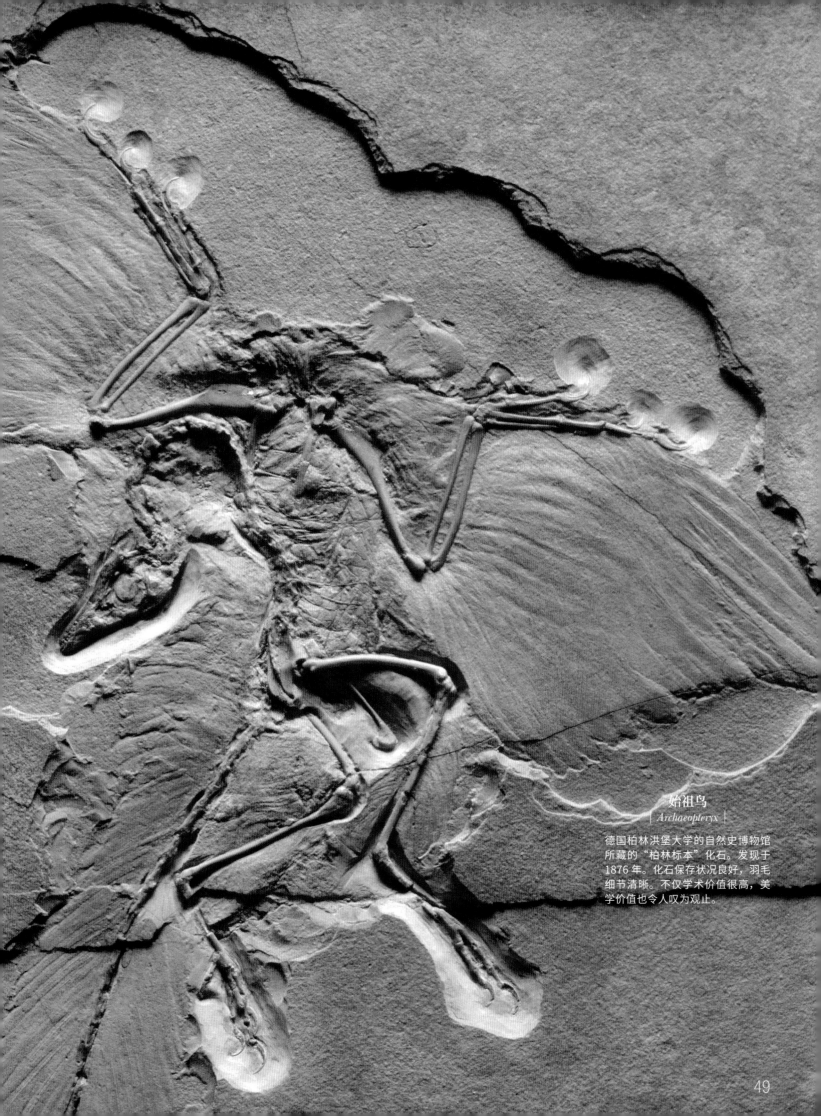

始祖鸟
Archaeopteryx

德国柏林洪堡大学的自然史博物馆
所藏的"柏林标本"化石。发现于
1876 年。化石保存状况良好，羽毛
细节清晰。不仅学术价值很高，美
学价值也令人叹为观止。

现在我们知道！

在白垩纪，鸟类实现多样化，向天空『进发』

现在对鸟类[注1]主流的定义是"比始祖鸟进化得更加完善的恐龙"。那么始祖鸟与现生鸟类有什么不同呢？

现生鸟类拥有羽毛，能够利用气囊以提升呼吸的频率。喙上没有牙齿，拥有叉骨（左右锁骨愈合形成的骨骼）。前肢指骨为3根，后肢指骨为4根且第1根指骨方向朝后，这是为了牢固地抓住树枝。尾羽只有尾综骨。

始祖鸟前肢的尖利钩爪和颚上锋利的牙齿是现生鸟类所没有的。始祖鸟虽然没有尾综骨，但是有一条由骨骼构成的长长的尾巴。另外，始祖鸟也拥有羽毛和翅膀，并且可以利用气囊。

那么，始祖鸟会飞吗？根据始祖鸟的骨骼和羽毛的强度进行推断，始祖鸟似乎无法扇动翅膀。有一种说法称始祖鸟可以和飞机一样在地面上滑行一段时间后起飞，因此也可以称作"会飞"。但通过计算可以得出，要达到时速33千米的飞行速度需要滑行47米以上，这样看来并不现实。始祖鸟或许是用钩爪在树上攀缘，然后像滑翔机一样在树丛中滑行。

恐龙与鸟类的分界线变得模糊

那么，包含始祖鸟在内的鸟类与恐龙究竟是什么关系呢？实际上，随着带羽毛恐龙的化石的发现，鸟类与恐龙的分界线变得越来越模糊。

与鸟类最为接近的恐龙是包含驰龙类与伤齿龙类在内的恐爪龙类。以前，科学家们将恐爪龙类与包含始祖鸟在内的鸟类当作姐妹种群，正如左侧的分类图。然而，现在既有"鸟类是包含恐爪龙在内，由不同种群分别进化而来"的说法，也有"始祖鸟并非鸟类，而是恐爪龙类"的说法，众说纷纭。将来如果发现了比始祖鸟更古老的化石，那么关于这个问题的探讨也将更加深入。

白垩纪早期，现生鸟类的直系祖先出现了

侏罗纪时期的鸟类只有始祖鸟，然而在白垩纪却发现了更多不同种类的原始鸟类。

在中国1亿2000万年前的白

◯ 早期鸟类的分类图

鸟类从恐爪龙类分化后，渐渐进化出了始祖鸟与原始热河鸟。紧接着，白垩纪早期出现的真鸟类成了现生鸟类的直系祖先。

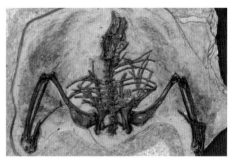

甘肃鸟 | *Gansus* |

全长25厘米，是与现生鸟类有关的目前已知最古老的真鸟类种群。化石中只有身体，头部尚未被发现。很可能是水鸟。

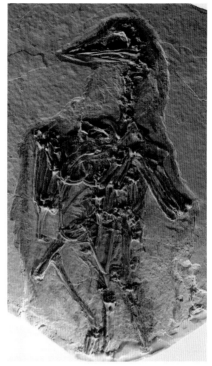

孔子鸟 | *Confuciusornis* |

全长70厘米，是最早拥有角质喙的无齿鸟类。尾羽有长有短，由此推断雌性和雄性可能拥有不同的形态。目前已发现数千具化石，由此推断孔子鸟可能是群居动物。

白垩纪时期的天空曾经盘旋着很多不同种类的鸟儿呢！

孔子鸟的生活图景

中国辽宁省白垩纪早期的想象图。左上为雄鸟，右上为雌鸟。位于图中部的河岸可以看到伤齿龙类中国猎龙的身影。右侧深处的红色飞鸟，是反鸟类原羽鸟。

垩纪地层中发掘的原始热河鸟化石，是仅次于始祖鸟的原始鸟类。虽然这种鸟类和始祖鸟有着相似之处，但胸骨与肩骨更为发达。同样是在中国白垩纪早期地层中发掘的孔子鸟化石没有牙齿，但有角质喙。

白垩纪早期，这些原始鸟类渐渐分化出水鸟等现生鸟类的直系祖先真鸟类。也正是从白垩纪开始，鸟类出现了多样的形态与丰富的生活方式。

但是，6600万年前的白垩纪末[注2]，恐龙时代突然宣告终结。唯一生存下来的，只有从兽脚类进化而来的鸟类（真鸟类）。

现在，地球上生存着大约10000种鸟，而我们哺乳类大约只有5500种。因此可以说，恐龙时代依然还在继续。

科学笔记

【鸟类】 第50页注1
鸟类被定义为"从始祖鸟到麻雀的共同祖先"。也就是说，鸟类是始祖鸟进一步进化了的恐龙。虽然文中也有提到，始祖鸟究竟是不是鸟类至今依然有争论，但本书是以"始祖鸟是最原始的鸟类"为前提展开论述的。

【6600万年前的白垩纪末】
第51页 注2
在这个时期，鸟类以外的恐龙、翼龙、长颈龙、菊石类等生物全部消失。世界上约70%的物种惨遭灭绝。科学家普遍认为当时陨石撞击地球，火灾产生的烟雾与大量席卷而上的粉尘遮挡了太阳光，导致地球温度过低，从而造成了物种灭绝。

【黑色素】 第51页注3
体内生成的色素。有一种假说认为黑色素与构成鸟类羽毛的蛋白质结合，可以对羽根起到强化作用。此外，黑色可以吸收热量，从而起到调节体温的作用。

新闻聚焦

始祖鸟的羽毛是黑色的吗？

2011年，美国的进化生物学学家瑞恩·卡尼及其团队从始祖鸟的飞羽化石中发现了含有黑色素[注3]的真黑素细胞的痕迹。通过与现生鸟类进行对比，推断出始祖鸟的羽毛很可能是黑色的。仅通过一根羽毛就研究出已经变为化石的古生物的颜色，这是非常稀有的案例。

被称作"The feather"的羽毛化石。这是全世界唯一一件保留了始祖鸟羽毛颜色的化石

CT 扫描分析，始祖鸟果然可以飞翔！

伦敦自然历史博物馆的安吉拉·米尔纳团队在 2004 年发表了关于始祖鸟头骨的 CT 扫描报告。根据报告，始祖鸟的脑容量处于爬行类与鸟类之间，约为 1.6 毫升。此外，始祖鸟的视觉中枢与 3 个半规管都很发达，因此它们和现生鸟类一样具有对飞翔来说不可或缺的良好视力与平衡能力。这项研究结果表明，始祖鸟具备飞翔所需的基本条件。

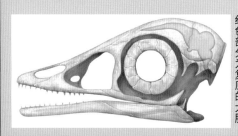

始祖鸟的头骨与脑。红色部分为复原的大脑

鸟类划时代的呼吸方法与气囊系统

鸟类拥有气囊系统。除肺与气管之外，作为袋状软组织（前气囊·后气囊）的气囊也能装有空气，空气可以在这里储存并流通，从而保证肺部始终可以呼吸到新鲜的空气。因此，鸟类能够吸入飞翔所需的大量氧气。

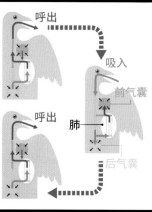

呼出
吸入
吸入
前气囊
肺
后气囊
呼出

➡️ 新鲜的空气
➡️ 二氧化碳含量较高的、不太新鲜的空气

随手词典

【气囊】
气囊是进入气管的空气在进肺之前和出肺之后的储存场所。虽然现在气囊是鸟类独有的器官，但蜥脚类恐龙也曾拥有过。蜥脚类恐龙有全长 30 米以上的种类，它们通过利用骨骼间的气囊系统形成"空洞"，从而减轻骨骼重量，并在身体中储存更多的氧气。

【现生鸟类的喙】
现生鸟类拥有角质喙，但没有牙齿。这也是为了降低骨骼重量，而将牙齿退化掉，从而更利于飞翔。

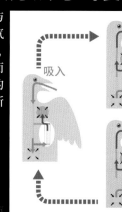

叉骨

叉骨是翅膀张开时，起到像弹簧一样作用的骨骼，是现生鸟类所独有的一种骨骼。始祖鸟与一部分兽脚类生物也拥有这种骨骼。

长有牙齿的喙

始祖鸟上下颚分别拥有 13 颗与 12 颗锋利的牙齿。现生鸟类的喙上没有牙齿。

翅膀的组成

现生鸟类的代表性器官。根据种类的不同，飞羽的数量也有所不同。

小翼羽
靠近指骨附近的羽毛。飞翔过程中可以调整气流

中覆羽　大覆羽　小覆羽

初级覆羽

覆羽
控制翅膀的形状与气流。根据覆盖位置的不同名称也不同

次级飞羽
产生飞翔所需的升力

初级飞羽
通过扇动翅膀而产生推力

原理揭秘

彻底剖析这就是始祖鸟!

注意! 始祖鸟拥有5只翅膀!

白垩纪早期的兽脚类恐龙顾氏小盗龙的翅膀长在四肢上。2006年,有报告指出始祖鸟的翅膀也长在四肢上,加上尾翼一共有5只翅膀。根据美国古生物学家尼可拉斯·隆里奇的观点,后肢翅膀的形态是为了覆盖尾根未长有羽毛的部分,由此可以减少6%的失速速度,并缩小12%的转弯半径。始祖鸟一旦开始在空中滑行,即使以很慢的速度也可以持续飞翔很久,并擅长转弯,当时很可能在树丛间来回穿梭。

前肢的1对翼,后肢的1对翼,再加上尾翼,共5只翅膀

含气化的脊椎

鸟类能够利用气囊系统进行有效的呼吸(参考左上图)。气囊的一部分在骨骼中形成,因此称作含气骨。从始祖鸟的颈骨能观察到它的含气骨,由此可以推断始祖鸟也是利用气囊进行呼吸的。

拥有飞羽的翅膀

始祖鸟的翅膀有可以产生升力的飞羽,但是没有可以调整气流的小翼羽。此外,从肩关节的结构来看,翅膀也无法伸展到肩部之上,因此无法扑动翅膀,只能滑行。

朝后的耻骨

始祖鸟构成骨盆的耻骨与现生鸟类一样,是朝后生长的。原因尚不明确,但可以确定的是,耻骨的方向在兽脚类向鸟类进化的过程中发生了变化。

尾骨

现生鸟类的脊椎只到尾综骨,尾羽即便很长也仅仅只有羽毛,但始祖鸟的尾巴是由和身体同样长度的骨头构成的。

为抓住树枝而不断进化的后肢

始祖鸟的4根指骨里,第1指与现生鸟类一样向后生长。此外,钩爪与现在的树栖鸟类一样弯曲,有助于在树枝上停留。

始祖鸟化石在侏罗纪晚期(1亿5000万年前)的地层中被发现。作为最原始的鸟类,始祖鸟究竟与现生鸟类有哪些不同呢?让我们通过分析始祖鸟的骨骼化石,来探索它们的生存奥秘吧!

爬行类的生存战略

选择『慢节奏生活』的爬行动物

在恐龙全盛时期的中生代，爬行类选择了与恐龙完全不同的生存道路。其中，龟类以甲壳防御与低代谢的独特生存方式扩大了它们的栖息地。

不成为恐龙也能生存下来的第三种选择

白垩纪给人们留下恐龙时代的印象。现在已知的恐龙约有 560 属，其中近 40% 出现在白垩纪晚期。

然而，漫步在白垩纪大地上的并不是只有恐龙。这片土地上不仅有我们的祖先哺乳类，还有龟、蜥蜴和蛇的身影。海洋中长达 4 米的巨型海龟与古巨龟在悠然游动着。

在 2 亿 5200 万年前的中生代初，陆地上的动物为了在残酷的生存战争中活下来，采取了三种战略。

恐龙采取了第一种战略，使体形变大。利用巨大的身躯碾压其他生物。这是蜥脚类动物采取的典型战略。

哺乳动物采取了第二种战略，使体形变小。小体形可以不间断地获取食物，从而持续进行能量补给。这种能量可以维持体温，并且保持行动的敏捷。

龟类采取了第三种战略。龟类行动迟缓，但相比同等大小的哺乳类生物来说，寿命更长。老鼠等小型哺乳类动物的寿命只有几年，却需要每天大量进食来维持生存。反观龟类，小型的龟类几乎能达到和人类相同的寿命，但只需每个月进食一次就可以维持生命特征。

龟类通过低代谢率而"节省能量"，从而适应地球的环境。包括新生代在内，目前已知的大约有 300 属龟类化石，是爬行类动物中化石被发现数量最多的。龟类选择了与恐龙完全不同的生存之道。

古海龟
龟甲长 2.2 米，全长 4 米，推算体重达 2 吨，是史上最大的龟类。生活在白垩纪晚期的海域（大约 7000 万年前），以捕食菊石类生物为生。

白垩纪除了恐龙之外，爬行类动物也是很繁盛的哦！

 新闻聚焦

只有腹部有龟甲的最古老龟类？

2008 年在中国贵州省发现了距今 2 亿 2000 万年的龟化石。这只半甲齿龟只有腹部生有龟甲。学名是根据"牙齿"这一最大特征命名的，这也是唯一一种颚上长有牙齿的龟类。因为化石是在浅海地层中发现的，所以科学家认为这种龟是海洋生物，但根据四肢形态来看又像是陆生生物。这一点现在依然是个未解之谜。

半甲齿龟的化石。全长约 40 厘米。因"长有牙齿，生有一半龟甲"而得名

从沙漠到海洋，『节能』的生活方式在地球上传播

这种极度"节能"的生活方式，和我们这种必须不断进食的哺乳动物真是完全不一样啊！

古棱皮龟
| *Mesodermochelys* |

古棱皮龟生活在8000万年前—7000万年前的白垩纪晚期海域，是世界珍稀动物棱皮龟的祖先。在日本的北海道、兵库县与香川县等地都发现了其化石。这种龟的显著特征是背甲与缘板内侧有波纹的形状。

当我们看到乌龟的时候，第一印象想必是龟甲。海龟在三叠纪进化出了这种独特防御系统。但是，原颚龟等三叠纪时期的龟类，头部关节的柔软性很差，无法缩进龟壳中。

拥有了防御系统的龟类在白垩纪实现了多样化

从侏罗纪到白垩纪，出现了头部关节柔软、可以将头部缩进龟壳[注1]之中的龟类。

同时变得更加发达的器官还有耳朵。这是因为当时龟类的天敌是会发出声响的恐龙与鳄。一旦听到它们的声音，即使没有看到它们的身影，龟类也可以进入防御状态。大多数龟类都是无法通过声音进行交流的。耳朵只是为了察觉外敌的

接近而进化出的防御器官。

就这样，拥有了应对捕食者的龟壳和耳朵等防御系统的龟类在白垩纪实现了多样化。为了让龟甲可以保护好头部，头骨重量也逐渐变轻，头部因而变得更加灵活。白垩纪出现了能够伸长头颈把游动的鱼类整个吞进肚子的龟类。海龟类也是在这个时期出现的。

关于白垩纪时期龟类的研究，在日本也有了划时代的发现。通过研究古棱皮龟的化石，发现古棱皮龟和现生棱皮龟相似，体现出了龟类的进化过程，因此这种化石十分珍稀。另外，在发现于北海道、被称作阿诺曼龟的大型陆生龟化石身上，能观察到其背甲上前倾的棘状突起，这可能是为了从侧面保护巨大的头部而进化出的。

现生棱皮龟

古棱皮龟会捕食包括鱼类在内的多种食物，而新生代的棱皮龟则以水母为食。棱皮龟作为从"全食"到"偏食"的典型例子，引起了科学家的广泛关注。

龟类的生活特征是低代谢和低能耗。成人每人每天需进食3千克左右的食物，而和人类体重相似的象龟每天只需进食几百克食物。因为可以通过节约能量维持生命特征，龟类只要在拥有进食机会的时候大量进食就行。科学家认为中生代时期的龟类都是如此。

节省能量的生存战略

蜥蜴类也是白垩纪时期出现的代表性生物。尤其是食虫类蜥蜴，更是当仁不让地成了中生代与新生代生态系统中的典型生物。需要一只一只地捕食像虫子这样的小型动物，耗费了它们大量的体力，得到的食物总量却很少。食虫类蜥蜴体形小，外出活动时通过日光浴使体

阿诺曼龟
| *Anomalochelys* |

全长约70厘米。陆生龟。发现于北海道距今9500万年的地层中。四肢与现生象龟十分相似。头部无法回缩，因此两侧有巨大的棘状突起，用来保护头部。

阿诺曼龟的复原图

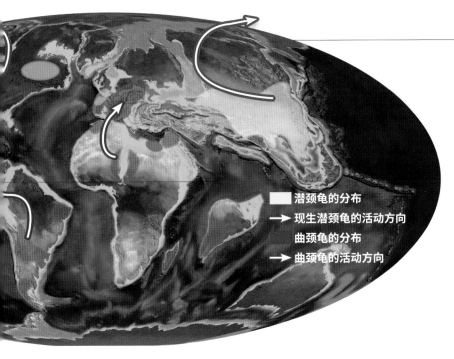

图例：
潜颈龟的分布
现生潜颈龟的活动方向
曲颈龟的分布
曲颈龟的活动方向

◎ 白垩纪时期龟类的分布

白垩纪早期（1亿4500万年前—1亿50万年前），与现生鳖类和陆龟相似的现生潜颈龟在包括日本在内的亚洲大陆上出现。白垩纪晚期（1亿50万年前—6600万年前），其栖息地扩大到北美地区。上图为白垩纪晚期的龟类分布图。

古巨龟 | *Archelon* |

古巨龟生活在约7000万年前的海域，全长达4米，是史上最大的海龟。自19世纪首次被发现以来，在美国南达科他州附近相继发现了5具同类化石，因此可以推测这类生物或许呈地区性分布。

温上升，休息时体温下降，这种变温的生存方式十分有利于减少能耗。因此蜥蜴类也可以称得上是一种节能的动物。

此外，白垩纪时期从蜥蜴进化而来的蛇类采用的是一次多吃、储存在肚子里的捕食方法。蛇可以让身体变形，从而将猎物整个吞下去。因为没有"手"和"足"，蛇类只能选择这样一种捕食方法，进食一次之后，便可以维持数月不进食。就这样，白垩纪时期恐龙之外的爬行动物采取了各种独特的生存战略。

6600万年前，这些动物面临了一场前所未有的考验。陨石撞击墨西哥的尤卡坦半岛，被人们称作白垩纪末大灭绝的时代开始了。恐龙（除鸟类外）的身影从地球上消失了，而这些爬行类却幸存了下来，尤其是龟类，几乎没有受到大灭绝的影响[注2]。

龟类"节能"的生活方式或许是成功避开这场灾祸的秘诀。它们看似迈着悠闲的步伐，实则比人类见证了更长的地球历史。

新闻聚焦 ▶

日本发现的划时代化石改写了蛇类的起源！

科学家从石川县白垩纪早期（1亿3000万年前）地层的桑岛化石壁中发现了蜥蜴的近亲长蜥，蛇类正是由该生物进化而来。2006年，该生物被命名为白山加贺蜥。此前学界一直以欧洲发现的化石为依据，将蛇类当作浅水巨蜥四肢退化而形成的生物。随着年代更加久远的化石相继被发现，蛇类的"陆地起源说"得到了更加有力的证明。

白山加贺蜥的学名意为"住在白山的加贺水妖"

白山加贺蜥的复原图。化石中呈现的是从肩到腰的部分，科学家推测这种生物全长为40～50厘米

科学笔记

【头部缩进龟壳】 第56页 注1

根据头部的回缩方式，龟类可以分为潜颈龟和曲颈龟两类。白垩纪时期，前者多出现于北半球，后者多出现于南半球。此外，鳖、陆龟和海龟中也有头部无法回缩的种类。

【大灭绝的影响】 第57页 注2

北美西部地区与被陨石撞击的尤卡坦半岛相距不过数千米，但白垩纪时期9科15属的龟类生物中有8科13属幸存。正因如此，我们需要重新思考陨石撞击给地球带来的影响。

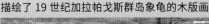

文明与地球 ｜ 大航海时代的受难者

因过度捕食而濒临灭绝的象龟

描绘了19世纪加拉帕戈斯群岛象龟的木版画

15—17世纪的大航海时代，对于象龟来说，无疑是一个命途多舛的时代。当时的船员们盯上了不进食也能长期存活的龟类。在那个没有冰箱的时代，能够活很久并在必要时提供新鲜肉类的象龟就成了珍贵的食材。当人们到达龟类生存的岛屿后，就会大量捕捉龟。印度洋上的马斯克林群岛原本生活着100万只以上的象龟，而到了19世纪，几乎再也没有野生象龟出没。以象龟闻名的加拉帕戈斯群岛中如今也有3个岛屿再也见不到象龟的踪影。然而，这也仅仅是因为加拉帕戈斯群岛并非主要航路，所以才能避免发生整个群岛象龟灭绝的悲剧。

地球博物志

带羽毛恐龙

| Feathered dinosaur |

恐龙宏大的进化轨迹

恐龙于三叠纪晚期（约2亿3000万年前）出现，不仅统治了中生代时期的陆地，还进化成鸟类，统治了天空。恐龙化石中残留的羽毛痕迹，为我们提供了恐龙进化过程中的关键线索。

带羽毛恐龙化石的代表性产地

因为羽毛构造独特，所以只能在地质状况良好的地层中保留。其中最具代表性的产地就是中国辽宁省的热河层。地图中指出的是发现过带羽毛恐龙化石的地区。

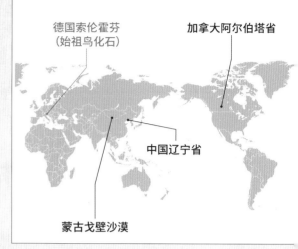

德国索伦霍芬（始祖鸟化石）

加拿大阿尔伯塔省

中国辽宁省

蒙古戈壁沙漠

【羽暴龙】

| Yutyrannus |

羽暴龙全身长着长达15厘米的纤维状原始羽毛，是最先被确认的大型带羽毛恐龙。因为此前发现的都是身长不足2米的小型带羽毛恐龙，所以人们一直认为恐龙的羽毛是用来为身体保温的，然而身体热量不易被带走的大型恐龙也长有羽毛，这就引发了人们对恐龙羽毛作用新的思考。

这类化石发现于1亿2500万年前的地层中，于2012年报告为新物种

数据	
分类	暴龙类
全长	约9米
年代	白垩纪早期
产地	中国辽宁省

【中华龙鸟】

| Sinosauropteryx |

人们在中华龙鸟的化石中第一次发现了羽毛的痕迹。中华龙鸟的背部到尾部均可见到原始的羽毛，因此成了鸟类"恐龙起源说"的决定性证据。在之后的研究中，科学家又发现了中华龙鸟的羽毛中含有黑色素，并推测中华龙鸟可能长有橙红色的羽毛。中华龙鸟长有尖细的吻，因此可以捕食昆虫与蜥蜴这样的小型动物。

数据	
分类	美颌龙类
全长	约1米
年代	白垩纪早期
产地	中国辽宁省

首次发现并具有里程碑式意义的带羽毛恐龙

🔍 近距直击　• • •

最早的恐龙已拥有与鸟类相似的骨骼结构

发现于阿根廷安第斯山脉约2亿3000万年前（三叠纪晚期）地层中最早的恐龙化石，与鸟类有着极为相似的特征。这种名叫曙奔龙的恐龙，头骨呈中空形态。此外，前肢指骨很长，自腰部向下延伸的耻骨前端突出。这些特征都与原始的兽脚类生物十分相似。头骨的空洞很有可能是具有呼吸作用的气囊。因此兽脚类生物常被当作恐龙向鸟类进化的重要依据。

【近鸟龙】

| Anchiornis |

近鸟龙发现于侏罗纪晚期的地层中，是比始祖鸟还要早1000万年的带羽毛恐龙。这种恐龙虽然拥有4只羽翼，但没有飞羽，因此并不擅长飞翔。2010年通过分析其含有黑色素的细胞，推测出这种恐龙全身的颜色——前肢生有黑白两色羽毛，冠部呈红褐色。

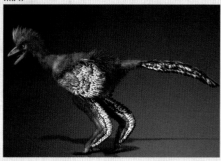
近鸟龙作为首例分析出全身颜色的恐龙而被世界熟知

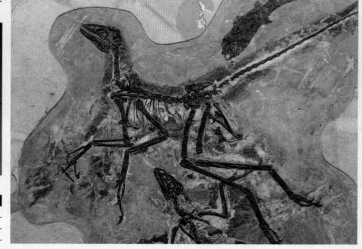

数据

分类	伤齿龙类
全长	35厘米
年代	侏罗纪晚期
产地	中国辽宁省

【恐爪龙】

| Deinonychus |

恐爪龙名字的由来是"恐怖的趾爪"。虽然在其化石中没有发现有关羽毛的直接证据，但学界依然将其认定为是和近亲伶盗龙同样拥有羽毛的种类。恐爪龙由古生物学家约翰·奥斯特罗姆于1964年发现。奥斯特罗姆通过分析恐爪龙与鸟类的共同特征，主张鸟类的"恐龙起源说"。此外，因为恐爪龙好动的属性，奥斯特罗姆推测恐龙属于内温性动物。

在电影《侏罗纪公园》中登场的伶盗龙模型（当时人们认为伶盗龙与恐爪龙是同一种恐龙）

数据

分类	驰龙类
全长	3米
年代	白垩纪早期
产地	美国

【驰龙】

| Dromaeosaurus |

驰龙是发现于美国与加拿大阿尔伯塔省的白垩纪晚期肉食性恐龙。驰龙不仅拥有极大的脑容量，还拥有敏锐的视觉和嗅觉。驰龙化石上没有发现羽毛的痕迹，但在同属于驰龙类的顾氏小盗龙的化石上发现了羽毛，因此可以推断驰龙也属于鸟类的近亲。

驰龙的意思是"疾驰的蜥蜴"

数据

分类	驰龙类
全长	约1.8米
年代	白垩纪晚期
产地	美国、加拿大

新闻聚焦

所有的恐龙都拥有羽毛吗?!

2014年3月，中科院古脊椎动物与古人类研究所的徐星教授在日本福井县举办的亚洲恐龙国际研讨会上发表了题为《关于亚洲地区恐龙与中生代的生物相》的报告。徐星教授在报告中指出，在恐龙最早出现的2亿3000万年前就有带羽毛恐龙的存在，因此很有可能，羽毛的起源要追溯到比恐龙出现更遥远的年代。这份报告引起了学界极大的关注。近年来，随着带羽毛恐龙的化石不断被发现，不仅与鸟类相似的兽脚类动物可能拥有羽毛，鸟臀目动物与翼龙拥有羽毛的可能性也在逐渐增大。虽然徐星教授指出还需要大量的标本与研究来证实，但羽毛或许是所有恐龙与翼龙的一种更为广泛的生物特征。

徐星教授。他发现了以大型带羽毛恐龙羽暴龙为代表的多种新型恐龙

【尾羽龙】

| Caudipteryx |

尾羽龙的尾部拥有发达的扇形尾羽，短小的前肢同样拥有羽毛，属于原始的窃蛋龙类。尾羽龙的羽毛虽然拥有羽轴和羽枝，但没有利于飞翔的飞羽。根据其羽毛左右对称这一点，能够推断出尾羽龙无法在空中飞翔。然而尾羽龙拥有细长的后肢，可以快速地奔跑。

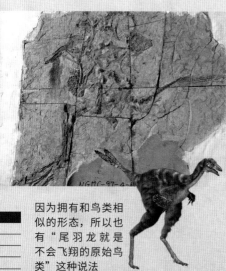
因为拥有和鸟类相似的形态，所以也有"尾羽龙就是不会飞翔的原始鸟类"这种说法

数据

分类	窃蛋龙类
全长	约1米
年代	白垩纪早期
产地	中国辽宁省

被企鹅占领的岛屿
麦夸里岛

位于澳大利亚塔斯马尼亚州，1997年被列入《世界遗产名录》。

麦夸里岛是位于塔斯马尼亚岛和南极大陆之间的海上孤岛，是一座由喷出地幔的海底岩浆露出海平面形成的岛屿。在这座岛上可以看到许多地壳变动的痕迹，同时，海岸线上还生活着数以百万计的企鹅，形成了一道令人惊叹的景观。

海岛之主：各种各样的企鹅

凤头黄眉企鹅

头部拥有黄色冠羽的企鹅，属于马卡罗尼企鹅。这种企鹅经常将两足并拢，蹦跳前行。

帝企鹅

这种企鹅又被称作大型企鹅之王，一般一年只能产卵一枚。

巴布亚企鹅

巴布亚企鹅的特征是橘色的吻与白色的眉毛。这种企鹅非常擅长游泳，是企鹅中游泳速度最快的。

皇家企鹅

皇家企鹅是麦夸里岛上的特有品种。和凤头黄眉企鹅同属于马卡罗尼企鹅，但是体形比凤头黄眉企鹅大，且面部为白色。

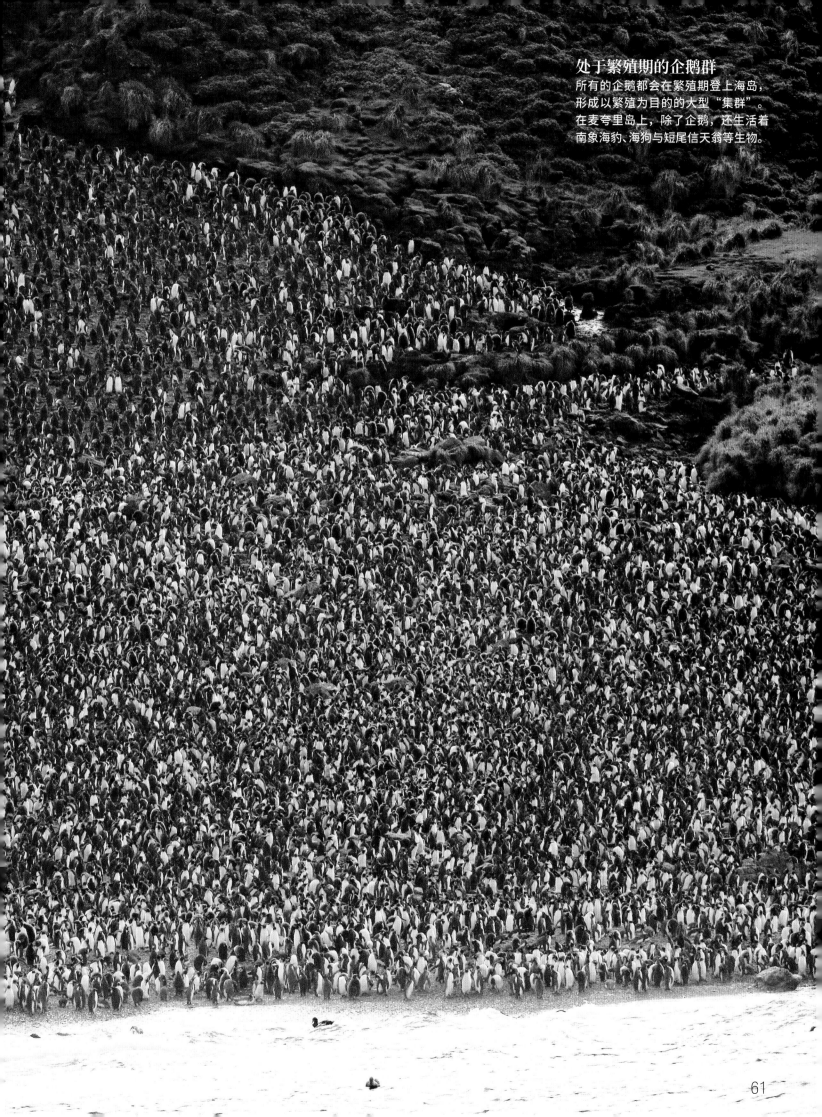

处于繁殖期的企鹅群
所有的企鹅都会在繁殖期登上海岛，
形成以繁殖为目的的大型"集群"。
在麦夸里岛上，除了企鹅，还生活着
南象海豹、海狗与短尾信天翁等生物。

水拥有复制信息的能力吗？

水的记忆

发表这篇论文的科学家，会成为『现代的伽利略』吗？

在全世界引起了轰动。

1988 年 6 月，世界权威科学杂志《自然》上刊登的一篇论文

1984 年，法国巴黎国家健康医疗研究院，诺贝尔奖的有力竞争者、免疫学家雅克·邦弗尼斯特的研究室中，正在进行白细胞对过敏原反应的研究。一天，负责报告实验结果的实验员，遭到了邦弗尼斯特的强烈斥责。

"这种数据根本就是无稽之谈！"

原来是因为实验员将试剂过度稀释，导致溶液中几乎无法检测到抗原分子。在如此严重的错误都没有被发现的情况下还得出了研究结果，也难怪邦弗尼斯特会勃然大怒。

"你是在拿水做实验啊，赶紧重做！"

实验员一边反省自己的过失，一边产生了更大的疑问：为什么试剂变成了水，但依然存在反应现象呢？抱着这样的疑问，实验员将实验重做了一遍又一遍，结果竟然是相同的。基于这样的现象，邦弗尼斯特开始思考其中的原因。

从那以后，邦弗尼斯特开始对这种现象进行分析，并且整理出结果，但是……

水的记忆事件中连"魔术师"都登场了

英国杂志《自然》自 1869 年创刊以来，凭借刊登了许多诺贝尔级别的研究成果而被学界所熟知。世界各国的科学家都在不断投稿，并以自己的论文登上《自然》为荣，权威程度可见一斑。

1988 年 6 月 30 日出版的一期《自然》

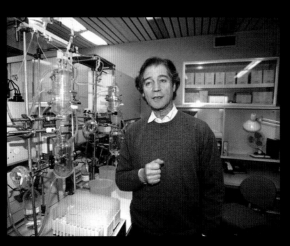

法国免疫学家雅克·邦弗尼斯特 (1935—2004)，以"水的记忆"事件为契机，辞去了在法国国家健康医疗研究院的职务，转而进行独立研究。他还发表了题为《水记录的信息，能通过"通信线路"向远方传递》的论文

刊登了邦弗尼斯特的一篇论文，标题是《极度稀释后的抗血清免疫球蛋白 E 抗体依然可以引起人体嗜碱性粒细胞脱粒》。

虽然罗列出了许多专有名词，但通俗来讲就是，球蛋白溶液经过多次稀释，根本无法检测到任何球蛋白因子，却依然能够引起免疫细胞反应。换句话说，就是水拥有对球蛋白溶液的记忆。

这个颠覆常理的研究结果，自然引得欧美媒体一片哗然。"水的记忆"不仅登上报刊，还引发了对科学毫无兴趣的人的关注，这与欧美地区信奉顺势疗法有极大的关系。

顺势疗法是指，将在健康的人中能引起相同症状的药物进行高度稀释，给患者服用。虽然顺势疗法因为没有副作用而受到广泛欢迎，但也有人称之为异端邪说，并认为邦弗尼斯特的论文是在证明顺势疗法的科学有效性。

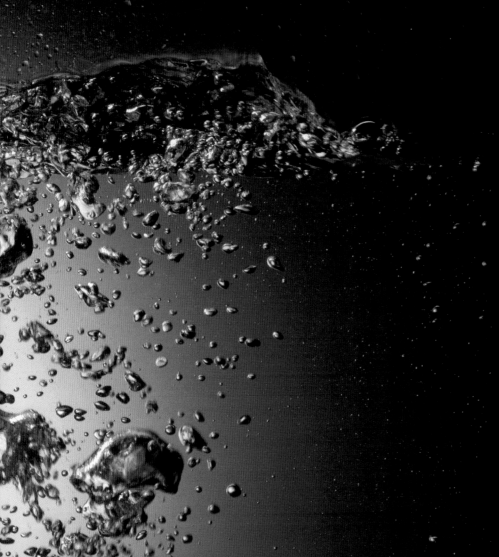

水是由氢氧元素组成的化合物 H₂O，也是
生命之源。地球表面覆盖着约 70% 的水，
人体中也含有约 60% 的水分。能够拥有
固态、液态、气态三种状态的化合物，只
有水

法国病毒学家吕克·蒙塔尼（1932— ）。巴斯德研
究院的常年在籍科学家。他于 1983 年发现了艾滋病
病毒并因此获得了 2008 年的诺贝尔医学奖。现为上
海交通大学教授

《自然》上的所有文章，都有着严格的刊登条件，那就是公开追加实验。由三人组成的调查委员会奔赴邦弗尼斯特所在的实验室。其中一人还是因经常揭露伪科学而出名的"魔术师"。

编委会始终对这项研究存有疑问，马上发表了"这是一场没有任何意义的妄想"的调查结果。

邦弗尼斯特曾经对此表达了严正抗议，希望编委会能够保持"无偏见的科学精神"。然而他却因此丧失了学界的地位，事业也一落千丈。自那之后，他便独自进行数字生物学的研究。他认为水可以将曾在水中溶解过的物质的信息通过电磁波的方式释放。他不断进行将那些信息通过数字化的方式发送与收集的实验，但还未证实自己的猜想就于 2004 年去世了。

邦弗尼斯特在世时因独立于主流科学之外，遭受了无数的中伤，但他的研究并没有随着他的去世而付之东流。

水的可能性能将科学的发展带入一个新的平台吗？

因发现艾滋病病毒而荣获诺贝尔医学奖的科学家吕克·蒙塔尼，在 2010 年接受《科学》（与《自然》齐名的美国著名科学刊物）采访时曾表示想要再次对邦弗尼斯特"水的记忆"事件进行检验。具体来说，就是对 DNA 在水中放出电磁波信号的现象进行研究。

地球，也是水之星球。水是生命的起源，人体中将近 60% 的成分都是水。

虽然蒙塔尼认为邦弗尼斯特是"现代的伽利略"，走在了时代的前面，但"水的记忆"理论，如今依然有正反两种评价。

或许有一天水的可能性会将科学的发展带入一个新的平台吧！

法国国家健康医疗研究院不仅是法国唯一的公立医学研究机构，还是法国研究癌症的权威机构

Q 为什么带羽毛恐龙的化石大多发现于中国？

A 现在被发现的带羽毛恐龙的化石，大多发现于中国辽宁省的热河生物群。白垩纪时期的辽宁省有许多活跃的活火山，附近有许多火山湖，湖底堆积着大量细小的火山灰。恐龙的尸体正是因为被掩埋在这种特殊的物质下面，才能留下类似羽毛这样细小组织的化石。拥有羽毛的恐龙，也许在世界各地都有分布。如果其他大陆上也有类似热河生物群这样优良的地质，或许同样会有新的发现。

Q 为什么恐龙的化石大多呈后仰的姿态呢？

A 恐龙化石中呈后仰姿态的非常多，这是因为恐龙死后，肌肉会不断收缩。通过用鸡来做实验，我们可以发现鸟类脊椎上用来连接头部与尾部的韧带会发生激烈收缩。在恐龙化石的发掘现场，若先发现头部与尾部的化石，通过韧带收缩这一特性，就能发现剩余部位的化石。这种情况时有发生。

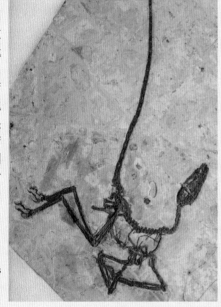

呈用力向后仰的姿态的带羽毛恐龙化石，为中国鸟龙的化石

Q 为什么带羽毛恐龙有着华丽的羽毛呢？

A 通过化石来推测古生物的颜色是一件非常困难的事情。因此我们需要参考一些与古生物属种相近的现生生物的颜色。以前推测恐龙颜色时就曾参考过蜥蜴与鳄的颜色。随着带羽毛恐龙的发现，推测恐龙颜色时也开始参考鸟类的颜色。而鸟类羽毛的"求偶说"也越来越令人信服，因此带羽毛恐龙很可能有着类似雄性孔雀与火鸡这样艳丽的颜色。正因为如此，也出现了越来越多色彩大胆而又华丽的恐龙复原图。

展示自己羽毛的火鸡

Q 象龟是游到加拉帕戈斯群岛的吗？

A 加拉帕戈斯群岛在历史上从未与其他大陆接壤。在这样的孤岛上，为什么会有加拉帕戈斯象龟这样的陆生龟呢？而且，它不是从海生龟进化来的。科学家认为陆生龟起源于亚洲，在约4000万年前到达了非洲，随后在2300万年前到达了南美洲。这样看来，陆生龟似乎是随着洪水流入大西洋，在大西洋上漂流，最终从非洲到了南美洲。这些陆生龟的子孙就沿着厄瓜多尔河漂流到了加拉帕戈斯群岛。陆生龟的游泳能力几乎为零，但肺容量很大，拥有十分优秀的漂浮能力。此外，陆生龟还可以长时间耐饥耐渴。正因为如此，加拉帕戈斯象龟的祖先才能适应长达数千千米的长途跋涉。

加拉帕戈斯象龟通过惊人的长途旅行最终抵达加拉帕戈斯群岛

大地上开出的第一朵花

1 亿 4500 万年前—6600 万年前
［中生代］

中生代是指2亿5217万年前—6600万年前的时代，是地球史上气候尤为温暖的时期，也是恐龙在世界范围内逐渐繁荣的时期。

第 67 页　　图片 / Aflo
第 68 页　　图片 / Aflo
第 70 页　　插画 / 月本佳代美
第 71 页　　插画 / 齐藤志乃
第 73 页　　插画 / 菊谷诗子
　　　　　　插画 / 齐藤志乃
第 74 页　　图片 / 西田治文
　　　　　　图片 / 日本福井县立恐龙博物馆
　　　　　　图片 / 艾克特·斯兰克
　　　　　　插画 / 三好南里
第 75 页　　图片 / 日本福井县立恐龙博物馆
　　　　　　图片 / 邑田仁
　　　　　　图片 / Pixta
　　　　　　插画 / 齐藤志乃
第 76 页　　插画 / 真壁晓夫
　　　　　　图片 / 西田治文
　　　　　　图片 / 123RF
第 77 页　　插画 / 齐藤志乃
　　　　　　图片 / 朱利安·卢格朗
　　　　　　图片 / 山田敏弘
第 79 页　　图片 / PPS
　　　　　　图片 / 弗朗兹·夏尔
　　　　　　插画 / 木下真一郎
　　　　　　图片 / PPS
第 81 页　　图片 / 山本匠实
第 82 页　　插画 / 三好南里
　　　　　　图片 / 简井学
第 83 页　　图片 / 简井学
　　　　　　图片 / PPS
　　　　　　图片 / PPS
　　　　　　图片 / 简井学
　　　　　　图片 / Pixta
第 85 页　　插画 / 伊藤晓夫
第 86 页　　图片 / 联合图片社
　　　　　　图片 / 罗哲西博士团队
　　　　　　图片 / 卡内基自然历史博物馆
第 87 页　　插画 / 三好南里
第 89 页　　图片 / 上村一树
第 90 页　　插画 / 三好南里
　　　　　　图片 / 西田治文
　　　　　　图片 / 日本福井县立恐龙博物馆
　　　　　　图片 / PPS
　　　　　　插画 / 齐藤志乃
第 91 页　　图片 / 佛罗里达自然历史博物馆
　　　　　　图片 / 日本地质调查所
　　　　　　图片 / 日本地质调查所
　　　　　　插画 / 齐藤志乃
　　　　　　图片 / 日本地质调查所
　　　　　　图片 / Alfo
第 92 页　　图片 / 123RF
　　　　　　图片 / 照片图书馆
　　　　　　图片 / PPS
　　　　　　图片 / PPS
第 93 页　　图片 / 阿拉米图库
第 94 页　　图片 / PPS
第 95 页　　图片 / PPS
　　　　　　图片 / 联合图片社
第 96 页　　图片 / 照片图书馆
　　　　　　图片 / PPS
　　　　　　图片 / 照片图书馆

—顾问寄语—

中央大学教授　西田治文

7.　　　　　　　　据说尼安德特人也会用花来祭奠逝者。

开花的植物，即被子植物，极大程度地丰富了我们的身心。

然而，在被子植物登场的白垩纪之前出现的动物，却无法沐浴在花海之中。

自白垩纪以来，随着被子植物的分布范围逐渐扩大，生态系统也在急速变化并与动物共同演化。

我们的祖先——猿类，也是在被子植物成片生长的新生代森林中诞生的。

让我们一起通过被子植物来反观一下我们人类自身吧！

多 彩 的 星 球

被子植物绽放着五颜六色的花朵，为大地增添了无数色彩，有的如阳
光一般的黄，有的如天空一般的蓝，有的如夕阳一般的橙。从地球 46
亿年的历史来看，如今我们已经习以为常的植物出现在距今不过 1 亿
4000 万年的白垩纪时期，属于离现代比较近的时期。通过开花吸引昆
虫，从而让昆虫授粉，被子植物的这种生存战略十分成功。地球上从
此盛开了五颜六色的花朵，变成了一个多彩的星球。

蒙蒂·西比里尼国家公园

西比里尼国家公园是位于意大利中部马立凯地区与翁布里亚地区之间的国家公园，面积达 700 平方千米。在这里，海拔 2000 米以上的山脉连绵不绝。山鹰和狼等野生动物在这里栖居。每年的 5—7 月，公园中的罂粟与郁金香都如同地毯一样向四周铺散开来。

捕食恐龙的哺乳动物

距今约 1 亿 2500 万年的白垩纪早期，在中国东北地区出现了捕猎者的身影。这种捕猎者全长约 80 厘米，与郊狼身形相似的身躯上长满了密集的绒毛。这种捕猎者叫作强壮爬兽，是中生代最大的哺乳动物。图中为了分散捕猎者的注意力而四散逃跑的是鹦鹉嘴龙。最后一只落单的鹦鹉嘴龙因体力不支，不敌强壮爬兽强有力的颚，被一口吞下。中生代的哺乳动物一直活在恐龙的阴影之下，毫无疑问是弱者。但我们的祖先哺乳类中，也有与恐龙开展生存竞赛的"勇敢者"。

強壯爬獸

花的诞生

被子植物开花之时，大地变成了彩色的世界

白垩纪时期的裸子植物森林，是通过种子传播这种高效率的繁殖方式形成的。随后，出现了拥有更先进繁殖方式的另一类植物——拥有花朵的被子植物。

以昆虫为媒介进行授粉，地球上从此遍布花朵

泥盆纪晚期，把种子作为繁殖媒介的种子植物登上了历史的舞台。随后，与其相似的裸子植物在二叠纪晚期有了惊人的进化。进入白垩纪之后，在苏铁科与银杏科等植物生长的森林里，也出现了许多新的植物。那时植物裸露的种子开始被雌蕊包裹，渐渐出现了现今世界上种类最为繁多的植物——被子植物。

被子植物自出现以来，就以令人惊艳的方式吸引其他生物为其授粉，也正是因为这种独特的吸引方式令被子植物迅速地席卷全世界。这种吸引方式就是——开花。与主要依靠风媒传播的裸子植物不同，被子植物进一步进化了。被子植物让昆虫食用花粉与花蜜，在这一过程中完成授粉，并为了向昆虫展示花粉所在的位置，形成了花瓣。

被子植物所采取的生物之间的共生战略，随后扩散到了整个地球，也就有了现在花朵随着四季更迭争相绽放的景色。这种传播方式与生存战略究竟是怎样实现的呢？让我们一起去看看为我们的生活增添色彩的花朵的进化历程吧！

在水边绽放的最初的花 中华古果

| *Archaefructus sinensis* |

中华古果大约在 1 亿 2500 万年前开花，是早期的被子植物之一。这种植物没有花瓣，通过形状推测其为水生植物。

最初的花朵是没有花瓣的哦！

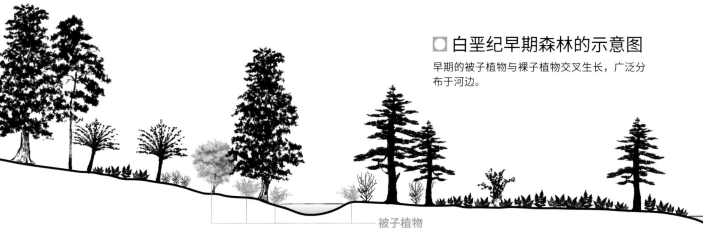

◯ 白垩纪早期森林的示意图

早期的被子植物与裸子植物交叉生长，广泛分布于河边。

被子植物

中华古果的化石复原模型

中华古果的化石发现于中国辽宁省距今1亿2500万年的地层中。植物本体保留完整，是十分珍贵的化石样本。中华古果生有雌蕊和雄蕊，具备早期的花朵形态。

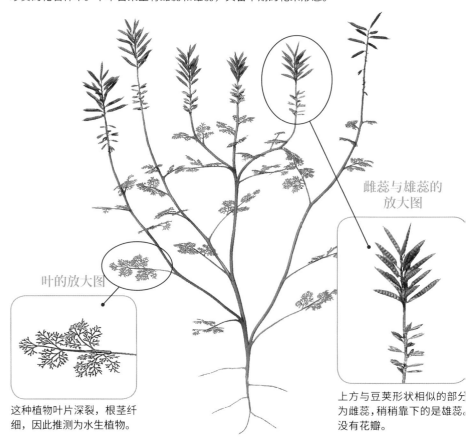

雌蕊与雄蕊的放大图

叶的放大图

这种植物叶片深裂，根茎纤细，因此推测为水生植物。

上方与豆荚形状相似的部分为雌蕊，稍稍靠下的是雄蕊，没有花瓣。

现在
我们知道！

植物的繁衍离不开高效率的繁殖方法与共生关系

"讨厌之谜"。《物种起源》的作者达尔文曾因被子植物的起源问题之复杂而喟叹不已。在现今地球的植物中占到90%以上的被子植物，究竟是在何时何地，又是从哪些植物进化而来的呢？现在我们还能找到解决这个谜题的线索吗？

与许多古生物一样，古植物也能通过化石确定其出现年代。以被子植物为例，2003年在以色列发现了最古老的花粉化石[注1]。科学家推测该化石大约距今1亿4000万年，因此被子植物最晚应于白垩纪早期出现。

随后，有多种1亿3000万年前～1亿2500万年前的花[注2]的化石被发现。其中一种被命名为中华古果的化石，保存状况良好，为科学家提供了弄清被子植物"真正开花"前的模样的珍贵线索。被子植物在这个时期还没有进化出花瓣，从叶片和根茎的形状可以推测出这种植物是水生植物。

被子植物最大的特征是其种子被雌蕊所保护，科学家推测这一点与水有关。

从侏罗纪到白垩纪，气候温暖，

白垩纪早期的花粉化石

瓦伦蒂尼是早期的被子植物之一，属于木兰纲林仙科。2013年，其化石在以色列南部内盖夫被发现。图为瓦伦蒂尼的花粉化石。

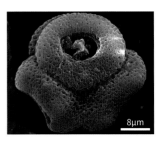

8μm

被子植物与裸子植物种子的异同

被子植物以后会形成种子的胚珠[注3]被雌蕊的子房[注4]包裹，而裸子植物的胚珠则裸露在外。

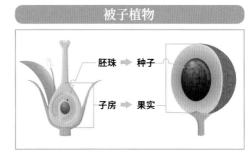

被子植物

胚珠 → 种子
子房 → 果实

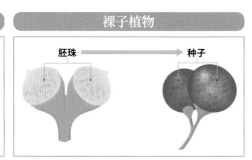

裸子植物

胚珠 → 种子

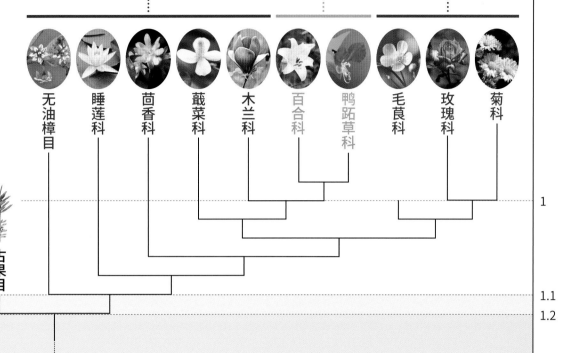

被子植物的系统树

原始的双子叶类植物
最早的双子叶植物，发芽后最早长出的叶片为2枚。

单子叶类植物
被子植物，子叶（发芽后最先形成的叶片）只有1枚。

真正的双子叶类植物
从原始的双子叶植物派生出来，与单子叶植物是姊妹群的一种植物类型。子叶维持2枚。

白垩纪最先出现的是双子叶植物，到了白垩纪中期达到了现在的规模。最近，正在利用化石与分子生物学研究来推测被子植物的出现，有学者认为，花的基因的形成可能是在侏罗纪时期。

无油樟目　睡莲科　茴香科　蕺菜科　木兰科　百合科　鸭跖草科　毛茛科　玫瑰科　菊科

古果目

1
1.1
1.2
1.4
（亿年前）

大约在1亿年前，现在我们认知中的花朵已经绽放了哦！

雨量充足。因此，多种植物都被迫在淡水水域生长。但是，作为被子植物祖先的裸子植物，形成种子的胚珠是裸露在外的，因此在水中很难授粉[注5]。为了克服不能在水中授粉这一难题，裸子植物进化成了被子植物。被子植物拥有可以包裹胚珠的子房，从而顺利授粉。因此科学家认为被子植物"胚珠被子房包裹"这一特点，其实是一种"防水策略"。

为了让昆虫知晓花粉的位置而进化出花瓣

那么，现在的花是如何形成的呢？这里就要轮到昆虫登场了。

最初裸子植物都是依靠风媒[注6]完成授粉的。这样的话，大量的花粉想要到达雌花完成授粉只能靠风的力量。此外，从授粉到受精完成，前后需要花费半年到一年

近距直击

开花的裸子植物

在白垩纪的裸子植物中，也有会开花的"异类"。这个"异类"叫作苏铁，出现于三叠纪，随后在世界各地广泛分布，最终在白垩纪末灭绝。苏铁的生殖器官呈两性，与被子植物的雌蕊、雄蕊构造相似。科学家认为裸子植物的多样化为被子植物的进化提供了可能。

苏铁的复原图。科学家认为其授粉的方式或许与甲虫类有关

科学笔记

【花粉化石】第74页注1

花粉与孢子有着抗微生物分解与抗酸碱的特性，因此即使被泥土掩埋，只要不受到大规模地壳变动的影响，一般都能以化石的形式保存下来。大量的植物遗体在堆积物较多的泥炭与泥岩中被保存了下来，据此可推测生成堆积物时的环境。

【花】第74页注2

一般来说，花指的是被子植物的生殖器官，基本上由花萼、花瓣、雄蕊和雌蕊4个部分组成。有一种花同时生有雌蕊和雄蕊，这种花叫作"两性花"。还有一种只有雄蕊或只有雌蕊的花，我们称其为"单性花"。

【胚珠】第74页注3

形成种子植物种子的部分。其中藏有卵细胞，授粉时花粉中的精细胞与胚珠内部的卵细胞结合受精。不同的植物，子房内胚珠的数量也会有所不同。

◯ 形成花瓣的过程

从以花粉为食的昆虫的一次偶然授粉开始，被子植物与昆虫就开始共同演化了。

1. 以风作为媒介的花粉运输

裸子植物本来是利用风将花粉在同类之间传送，从而实现授粉的。

2. 昆虫开始送粉

利用营养价值极高的花粉作为食物来吸引甲虫等昆虫，从而开始偶然的花粉运输。

3. 形成了展示花粉所在位置的花瓣

为了让昆虫更容易找到花的位置，进化出了花瓣。

的时间。

而被子植物开始以花粉作为诱饵，吸引昆虫来完成授粉。昆虫食用花粉，与此同时，它们也将身上沾着的花粉带到其他雌蕊上，授粉的方式从此进化。此外，这种授粉方式可将从授粉到雌花受精的时间缩短至一天以内，大大提升了繁殖的效率。因此，为了尽可能多地让昆虫带走花粉，最初并不怎么引人注目的花便进化出了更加鲜艳夺目且容易

识别的"装饰品"，也就是花瓣。并且为了让昆虫更加"尽心尽力"地协助授粉，花还进化出了香味与花蜜。

动物与果实的共生关系

被子植物的繁殖效率之高，还体现在花的形态上。被子植物进化出了雌蕊和雄蕊共存、易于授粉的两性花。不仅如此，雌蕊位于柱头和花柱内部，由此可以防止因基因劣化而导致自花授粉。

促使被子植物不断繁荣且分布范围逐渐扩大的另一个原因是被子植物与动物的共生关系。雌蕊的子房在生长过程中成熟，逐渐进化成可供动物食用的果实。被子植物为了更好地利用动物散布自己的种子，进一步将果实的形状改良成方便动物食用的

大小。

被子植物利用这些令人惊叹的繁殖手段得以实现多样化。白垩纪早期至中期，以赤道附近的低纬度地区为界限，被子植物迅速朝南北两极的方向不断地扩展。到了白垩纪晚期，被子植物已扩展到了全世界，变成了现在的样子。被子植物的登场，为后来出现的诸多生物乃至生态系统带来了巨大的影响。就连活在当下的我们也被多彩的花朵治愈了。

多样化的雌蕊与果实

在北海道发现的白垩纪晚期果实。艾莎玛利亚（左）的雌蕊由10个子房室形成，康特斯（右）有数不清的雌蕊且呈螺旋状。

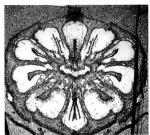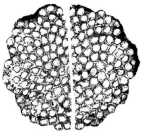

科学笔记

【子房】 第74页 注4

子房是被子植物的一个器官，呈袋状，位于雌蕊下部。子房中有胚珠，胚珠可以发育为种子。这里发育成熟后，就形成了植物的果实。胚珠位于被子植物壁包裹着的子房室内，与外界隔绝，这种构造也能有效地避免胚珠受到病虫害的破坏。一般我们称作果实的，有时也包含了除子房之外的一些构造。

【授粉】 第75页 注5

以被子植物来说，是指花粉附着到雌蕊前端柱头上的过程。授粉的类型可以分为向同一朵花授粉的自花授粉与向其他花授粉的异花授粉两种。对于植物来说，异花授粉更有利于植物遗传基因的多样性发展。

【风媒】 第75页 注6

以风为媒介传播花粉的花被称作风媒花，这是一种非常原始的授粉方式。这种授粉方式的传播范围不定，但可以乘着气流，进行大范围的传播。

🔍 近距直击

花的化石提供了巨型陨石撞击时间的证据

白垩纪末，巨型陨石冲撞地球，导致大量生物灭绝。这一事件被称作"K-Pg 事件"，也被称作"六月撞击"。科学家能够准确推断出该事件发生在 6 月，花的化石功不可没。在北美洲含有陨石堆积物的地层中发现了荷花与睡莲的化石。从花朵与花苞的形状可以推断出陨石撞击发生在 6 月左右。

探索日本被子植物的起源

在第一朵花绽放之前，日本的环境与植被

科学家推测被子植物大约于距今 1 亿 4000 万年前的白垩纪早期在冈瓦纳大陆北部的低纬度地区出现，并迅速朝两极的方向扩展。从截至目前的研究来看，日本最早的被子植物于 1 亿 1300 万年前出现，与整个亚洲大陆相比，大约晚了 2000 万年。但随着我们对花粉化石的研究，原始被子植物的花粉化石陆续被发现，植物入侵时期与早期植物多样化的过程也渐渐变得明朗了起来。

日本以中央构造线为界，可以分为内带与外带两个区域。在中央构造线出现"断层运动"、内带与外带合二为一变成现在的日本列岛之前，两个区域的纬度与环境都不一样。内带气候湿润且冬季多雨，生长着银杏科等叶片较大的裸子植物与蕨类植物种类丰富的手取型植物群。而外带气候寒冷干燥，生长着叶片较小的裸子植物与包含蕨类植物在内的一些领石型植

白垩纪时期日本早期被子植物的化石

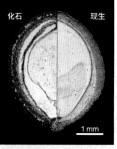

5μm   化石   现生   1 mm

左图为电子显微镜下的和歌山网面单沟粉属化石。右图为北海道 1 亿 1300 万年前的苞被木科阿瓦那塔索菲亚的种子化石与现生苞被木科莫雷特米娜的种子在光学显微镜下进行对比的照片。随着显微镜技术的革新，花粉研究也有了长足的进步。

关于内带·外带中生代被子植物化石的最早记录

科学家认为手取型植物群分布在日本内带、西伯利亚与中国北方地区。领石型植物群分布在日本外带、俄罗斯南部沿海地区、中国南方地区与东南亚地区。

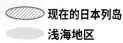

—— 中央构造线　　////// 现在的日本列岛
亚洲大陆　　浅海地区
深海地区

物。两个区域之间存在着混合型植物群。

日本最早的被子植物记录

花的化石是世界上一种极为稀有的化石种类。被子植物的出现时间就是通过研究分析包括花的化石在内的各种各样的化石推测出来的。日本最早的被子植物记录是北海道白垩纪早期阿尔布阶（约 1 亿 1300 万年前）地层出产的双子叶植物的木材化石，与西南太平洋地区分布的木兰藤目苞被木科的种子化石。在福岛县广野町白垩纪晚期康尼亚克阶（约 8980 万年前）双叶层群足泽层中发现了诸如番荔枝科、楠木科、木莲科、使君子科和山茱萸科等小型花的化石。此外，在白垩纪晚期康尼亚克阶到圣通阶（约 8630 万年前）虾夷层群和双叶层群的地层中，还发现了许多果实的化石。

2013 年，我们在和歌山县广川町附近的物部川层群西广层，发现了原始被子植物网面单沟粉属的花粉化石。西广层是海岸堆积与海洋堆积形成的堆积层。通过与动物化石的对比，可以推测出该花粉化石大约处于白垩期早期巴雷姆阶（约 1 亿 2700 万年前）。这一时间与被子植

关于内带·外带中生代被子植物化石的最早记录

约1亿3000万年前的日本列岛

手取型植物区　　　　　　　　　　日本内带
混合型植物区　　　　　花粉、叶片化石　约7210万年前　足羽层群大道谷层（石川县）
领石型植物区　　　　　木材、种子化石　约1亿1300万年前　虾夷层群（北海道）
花、果实化石　约8980万年前　双叶层群足泽层（福岛县）
花粉化石　约1亿2700万年前　物部川层群西广层（和歌山县）
日本外带

物在亚洲大陆东部首次出现的时间基本相同。网面单沟粉属的花粉是典型的早期被子植物花粉，与现在的花粉形态不同。这种植物外壁有着单子叶植物的特点，却是在白垩纪早期到中期地层中双子叶植物的花化石中被发现的。被子植物的花粉在阿普特阶（约 1 亿 2500 万年前）到阿尔布阶种类变得丰富，到白垩纪晚期开始了多样化的进程。

上述的化石，实际上都是在外带被发现的。内带最早的被子植物化石是在福井县与石川县马斯特里赫特阶（约 7210 万年前）的足羽层群大道谷层中被发现的。其中包括花粉、荷花和阔叶植物的叶片化石等。在这一时期之前，内带是否已出现了被子植物，将成为我今后的研究课题。

朱利安·卢格朗，1982 年生于法国。巴黎第六大学理学博士。现为中央大学理学院助教。从古花粉学来分析日本中生代的环境，主要研究被子植物的出现时期、多样化进程和生态变迁。

利用花的形状发出回声，吸引蝙蝠的花朵

不仅昆虫，蝙蝠也可以帮助被子植物进行授粉。热带地区生长着为了让蝙蝠方便携带花粉会改变形态的被子植物。慕古那就是一种为了让蝙蝠可以用超声波感知到花的位置来吸食花蜜，从而改变了花朵形状的植物。热带地区繁殖与生存竞争十分激烈，因此有了这样的进化。

火露慕古那，热带地区吸引蝙蝠的慕古那中的一种。深凹的花瓣可以非常清晰地反射声波

随手词典

【受精】
受精时，共有两个精细胞。其中一个与卵细胞结合，另一个在胚囊中与两个极核受精，形成胚乳核。这两次受精被称作"重复受精"。胚乳核在细胞分裂之后，会生成含有淀粉与蛋白质的胚乳，用来给胚提供营养。

【减数分裂】
减数分裂是动物在形成精子与卵子时，植物在形成孢子时发生的特殊细胞分裂。种子植物的花粉与胚囊细胞就相当于蕨类植物的孢子。体细胞中的两组染色体合二为一，形成配子。雌雄配子合体后，又再一次变回拥有两组染色体的体细胞。

【八核胚囊】
胚囊中的八个核，有六个都会逐渐细胞化。其中一个形成"卵细胞"，两个形成在花粉管内促进精细胞生成的"助细胞"，三个形成给幼胚提供营养的"反足细胞"。剩下的两个形成中间的"极核"。

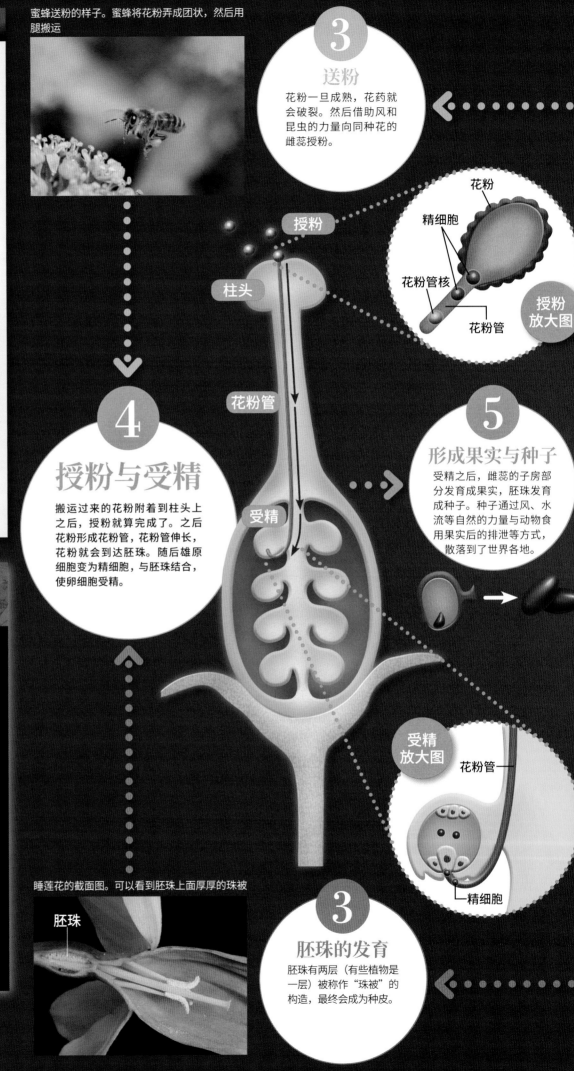

蜜蜂送粉的样子。蜜蜂将花粉弄成团状，然后用腿搬运

3 送粉

花粉一旦成熟，花药就会破裂。然后借助风和昆虫的力量向同种花的雌蕊授粉。

花粉

精细胞

花粉管核

花粉管

授粉放大图

授粉

柱头

花粉管

4 授粉与受精

搬运过来的花粉附着到柱头上之后，授粉就算完成了。之后花粉形成花粉管，花粉管伸长，花粉就会到达胚珠。随后雄原细胞变为精细胞，与胚珠结合，使卵细胞受精。

受精

5 形成果实与种子

受精之后，雌蕊的子房部分发育成果实，胚珠发育成种子。种子通过风、水流等自然的力量与动物食用果实后的排泄等方式，散落到了世界各地。

受精放大图

花粉管

精细胞

睡莲花的截面图。可以看到胚珠上面厚厚的珠被

胚珠

3 胚珠的发育

胚珠有两层（有些植物是一层）被称作"珠被"的构造，最终会成为种皮。

原理揭秘

花是如何绽放的？被子植物的一生

2 花粉的形成

花粉母细胞减数分裂之后，形成了花粉。花粉中包含花粉管核和后来会生长为精细胞的雄原核。

花粉母细胞

花药

1 雄蕊

雄蕊前端有一种叫作花药的囊状结构，其中含有大量的花粉母细胞。

花粉　　花粉母细胞

细胞核

花粉管核　　雄原核

6 种子逐渐发芽，继而绽放花朵

种子里的胚胎发芽，接着发育出根、茎、叶，成熟后就会开花。

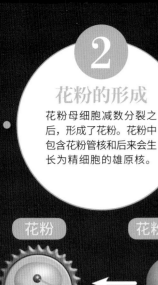

花瓣

花萼

1 雌蕊

下方膨大的、被称作子房的部位中有着之后会发育成种子的胚珠。

胚囊　　　胚囊母细胞

极核　反足细胞

胚珠

卵细胞　　胚囊母细胞

助细胞

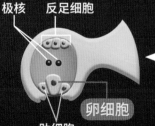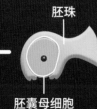

2 卵细胞的形成

胚珠中会形成胚囊母细胞，减数分裂后细胞核分裂，最终形成具有八个细胞核的胚囊。在这些细胞核中，有一个是卵细胞。

子房

胚珠

被子植物的胚珠由子房壁保护，花朵在雌蕊与雄蕊的共同作用下绽放。被子植物是通过精细胞与卵细胞受精来实现繁衍的，当雄蕊中的花粉（精细胞）与同种植物雌蕊胚珠中的卵细胞结合，就完成了授粉与受精。然而实际上，花朵是如何繁衍后代的呢？就让我们来一起探究被子植物繁殖与成长的过程吧。

昆虫的进化

与植物的共生，促进了昆虫的多样化

在被子植物进化出美丽花朵的同时，也促进了与之共生的昆虫的进化。随着植物的进化与环境的演变，昆虫也逐渐掌握了各种各样的生存技能。

有花有昆虫有恐龙的白垩纪森林可真是太热闹啦！

花与昆虫的"蜜月期"，从白垩纪开始

熬过古生代末的物种大灭绝，在三叠纪适应辐射、物种形成，活到侏罗纪且现今也依然存在的生物，几乎只有昆虫。昆虫能很快适应环境变化并实现物种多样化。因此，被子植物登场的白垩纪对昆虫来说是一个能进一步进化的时代。

从化石来看，在被子植物登场之前，昆虫与植物的关系并没有如此密切。被子植物的花朵，很大程度上缩短了植物与昆虫之间的距离。两者之间通过食性和花粉，形成了极强的"伙伴关系"。被子植物适应辐射的同时，甲虫目、鳞翅目、双翅目和膜翅目等作为访花昆虫也随之实现了物种多样化。

随着时间的流逝，不仅有进化出了集体行动等社会属性的昆虫，还有可以根据环境的变化而"拟态"的昆虫。

那么昆虫是如何进化出这种适应或应对环境的能力的呢？就让我们继续往下看吧！

**花朵与昆虫共生的
白垩纪森林的想象图**
蜜蜂与金龟子聚集在花上，
协助授粉。每一种昆虫都有
自己便于采撷的花朵。

昆虫的进化

花与传粉昆虫出现时期的比较
下图为白垩纪时期花的多样化与昆虫出现时期的比较图表。图表中体现了白垩纪新增的各类花朵与昆虫。

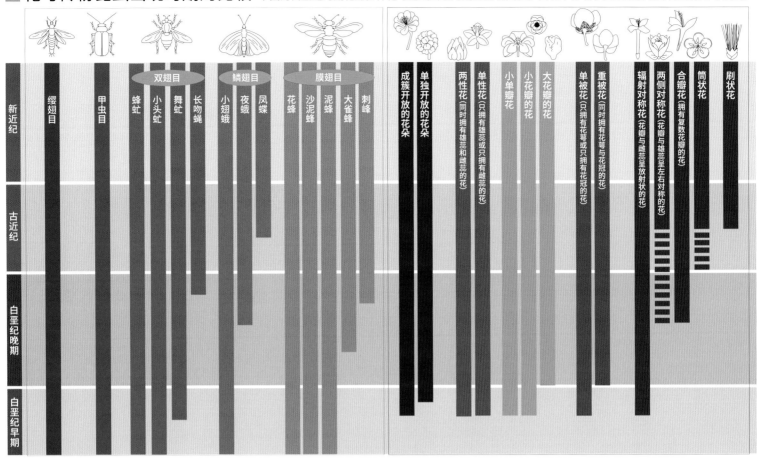

图表纵轴（从上到下）：新近纪、古近纪、白垩纪晚期、白垩纪早期

昆虫类别：缨翅目、甲虫目、双翅目（蜂虻、小头虻、舞虻、长吻蝇）、鳞翅目（小翅蛾、夜蛾、凤蝶）、膜翅目（花蜂、沙泥蜂、泥蜂、大雀蜂、刺蜂）

花朵类别：成簇开放的花朵、单独开放的花朵、两性花（同时拥有雄蕊和雌蕊的花）、单性花（只拥有雄蕊或只拥有雌蕊的花）、小单瓣花、小花瓣的花、大花瓣的花、单被花（只拥有花萼或只拥有花冠的花）、重被花（同时拥有花萼与花冠的花）、辐射对称花（花瓣与雌蕊呈放射状的花）、两侧对称花（花瓣与雌蕊呈左右对称的花）、合瓣花（拥有复数花瓣的花）、筒状花、刷状花

与花朵共生，拥有多种生存能力的昆虫

自身无法行动的花朵，为了扩大繁殖范围，必须借助某种力量来传播花粉。其中有借助风传递的风媒、借助水运输的水媒[注1]，以及借助动物传播的动物媒等方法。此外，还有专门依靠昆虫传播花粉的虫媒[注2]。最早依靠虫媒的植物，可以追溯到石炭纪的蕨类植物。侏罗纪时期也有依靠虫媒传播花粉的植物。当时的植物大多依靠甲虫类送粉，因此，在白垩纪之前，植物与昆虫之间的距离正在慢慢地拉近。那么，又有哪些昆虫与在白垩纪登场的被子植物有关呢？

帮助植物走向繁荣的"小小搬运工"

距今约1亿7000万年前依靠虫媒的花朵实现多样化，这些送粉的昆虫也大多进化出了食用花粉的食性，如甲虫目、膜翅目和双翅目。

到了8600万年前，原始的蔷薇目开始在地球扩散，出现了很多能够分泌花蜜的花。同一时期，不仅出现了黄边胡蜂、泥蜂，还出现了拥有发达口吻[注3]的蝴蝶与蛾。当然也出现了只在花间穿梭、食用花粉、吸食花蜜，却不参与送粉的昆虫。而对于植物来说，则更加盼望能够出现一些"值得信赖"的送粉者。这其中的代表就是花蜂。

花蜂在白垩纪早期就已出现，是由原本以蜘蛛和蛾的幼虫为食的泥蜂改变食性转而食用花粉进化来的。它们为了更有效地采集花粉从而生长出了体毛，并且形成了和现生昆虫几乎一样的传粉模式。例如用后腿将花粉聚成团状的搬运方式。这些技能的掌握，使花蜂成了重要的"传粉者"。

就这样，在花蜂与白垩纪早期植物建立起了信赖之后，到白垩纪晚期，又进化出了群体生活的蜜蜂。蜜蜂生活在同一个巢穴之中，但分工各有不同。有负责生育的蜂后和雄蜂，还有负责采集花粉花蜜、承

白垩纪时期的花蜂化石
在巴西白垩纪中期地层中发现的花蜂化石。与现在的种类几乎没有差别。

社会性

蚂蚁和蜂类在生活中维持着群体的协调沟通，建立了高度的社会性。这种特性的最大特征是"分工"，同一巢穴之中存在着不同的工作阶层，从而极大程度地提高了群体的生产效率。

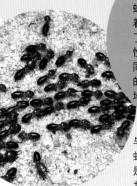

与蜚蠊拥有共同祖先的白蚁，不论是生殖、劳动，还是作战防御，都由雌雄白蚁共同参与，体现了拥有阶层的社会属性

拟态

昆虫假装成树枝或树叶、通过与环境融为一体的方式来避免被敌人发现的"伪装"，无毒的昆虫通过伪装有毒的昆虫的颜色或形态来保护自己的"模仿"等能力都属于拟态。

左图是与自然融为一体、颜色酷像树皮的褐纹大尺蛾。蛾类大多都有着与树皮和枯叶相似的外观

昆虫从白垩纪时期开始进化出的各种能力

随着时间的流逝与环境的变化，昆虫通过与植物的共生获得了多种能力。特别是出现了以鸟类为代表的捕猎者之后，与防御相关的能力有了明显的提升。

昆虫进化的速度之快非常惊人！

毒性

为了御敌，有些昆虫会自产毒素，或采取通过食用带有毒素的植物并将其积蓄在体内的方式。同时也会通过将身体进化成鲜艳的颜色来警示天敌。

体表可以分泌毒液的后白斑蛾幼虫。成虫会长出带有白色条纹的黑色翅膀

昆虫之间的共生

不仅是被子植物与昆虫，就连不同种类的昆虫之间也存在着共生的例子。它们互相交换利益，形成了一种互帮互助的关系。

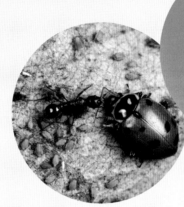

蚂蚁在摄取蚜虫分泌的蜜糖时，会帮蚜虫清除掉他们的天敌——瓢虫。这是共生关系的典型代表

新生代古近纪

担育儿重任的工蜂（雌）。特别是工蜂利用对花朵的侦查能力[注4]提高了采食的效率。这样的方式也为蜜蜂进化成具有高度社会性的物种提供了可能。

昆虫有极强的适应能力，到现在依旧十分繁盛

昆虫因为与白垩纪时期出现的被子植物共生而繁盛。在白垩纪之后的新生代，昆虫依旧可以根据生态环境的变化而变化。例如捕食昆虫的鸟类出现，导致昆虫迫于生存的压力，进化出了各种各样的能力。为了不被捕食者发现，它们在体内积蓄毒素，还进化出了与周围环境融为一体的"拟态"能力。不论何时，昆虫都会利用自己极强的适应能力，来应对环境的变化。

📋 新闻聚焦

竹节虫是在鸟类登场之时开始拟态的吗？

竹节虫因为擅长伪装成小树枝的形态而被人们所熟知。2014年3月，科学家在蒙古发现了其最早的化石，并猜测竹节虫在白垩纪就已经开始拟态了。通过对1亿2000万年前的化石进行研究，发现竹节虫的翅膀走向与当时的银杏叶形状相似，从而推测竹节虫或许是在鸟类开始学会飞行的时候就已经习得了拟态的技能。

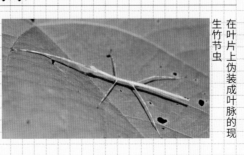

在叶片上伪装成叶脉的现生竹节虫

科学笔记

【水媒】 第82页注1
以水为媒介传播花粉的水媒花主要分为在水草多的水中开花的植物和在水面上开花的植物。

【虫媒】 第82页注2
以昆虫为媒介授粉的花我们称其为虫媒花。这种花一般都有着夺目的外观、强烈的香气与发达的蜜腺。此外，大多数虫媒花还有为了方便让昆虫携带花粉而产生的黏液和突起。

【口吻】 第82页注3
指蜂和蝶等昆虫为了吸食花蜜而进化出的特殊口器。蜜蜂不仅有作为口器的上颚，还有具有吸食作用的口器。平时收起，在采集食物的时候伸长，来吸食液体状的食物。

【对花朵的侦查能力】
第83页注4
蜜蜂中的侦查蜂，在侦查到蜜源之后回到巢里，会向采集蜂跳一种8字形的舞蹈。以此来通知蜜源所在的位置。这样的信息传递方法，让蜜蜂家族得以延续。

哺乳动物的多样化

哺乳动物终于出现啦！

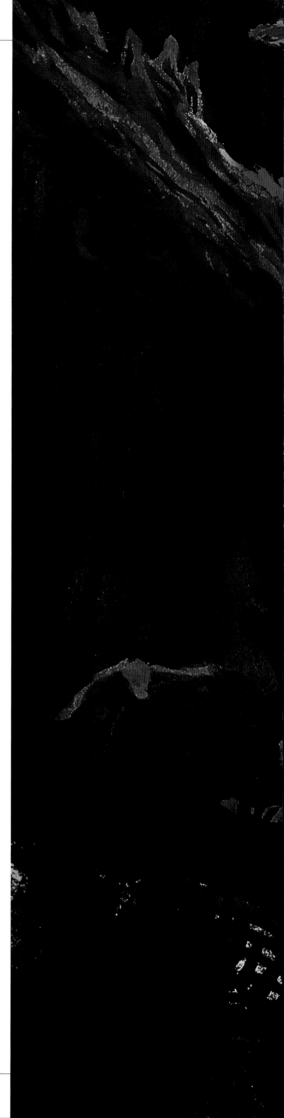

在母体中孕育胎儿的哺乳动物登场

三叠纪晚期出现了真正意义上的哺乳动物。进入白垩纪后，更是出现了八个分支，足以见其多样性，其中也出现了许多现生哺乳动物的祖先。在母体中孕育胎儿的哺乳动物就此登场。

从卵生进化为胎生的哺乳纲有胎盘类

在我们人类诞生之前，首先要以胎儿的形态在妈妈肚子里生活一段时间。在这段时间，有一个不可或缺的器官，就是胎盘。胎儿通过胎盘吸收母体输送的营养，从而逐渐发育。而哺乳动物开始拥有这个重要的器官的时间，则要追溯到1亿2500万年前的白垩纪时期了。

在侏罗纪时期，一些动物的颚骨出现了变化，而进化得更为彻底的哺乳动物在进入白垩纪之后，数量与种类都显著增加。虽然这些哺乳动物都是和老鼠差不多大的小型动物，但其中已经出现了拥有胎盘的哺乳纲有胎盘类[※]。

我们通过现生哺乳动物去设想当时的场景可能比较困难，早期的哺乳动物都是通过卵生的方式来孵化后代的。随后才逐渐进化出了和我们人类现在所属的有胎盘类一样，通过胎生，即以胎盘来进行母体与胎儿之间的物质交换的方式来生育后代。

白垩纪时期还诞生了另一个重要的种群，即没有胎盘，只好将初生但尚未长大的幼崽装进母体袋中的进行养育的有袋类，也就是现在袋鼠的祖先。不论是有胎盘类还是有袋类，实际上都是一种为了物种延续而进化出的繁育方式，这些繁育方式都在白垩纪时期出现了多样化的趋势，并与现在的哺乳动物有密切联系。

※有胎盘类也被称为真兽类，有袋类也被称为后兽类。

早期的有胎盘类始祖兽
| *Eomaia scansoria* |

始祖兽出现于白垩纪早期，图为被称作有胎盘类祖先的始祖兽的复原图。始祖兽全长10厘米左右，根据化石的形态能推测出它们过去曾栖息在树上。

85

哺乳动物的多样化

保留了大量身体细节的始祖兽化石

2002年，在中国辽宁省距今1亿2500万年的地层中被发现。因为化石保存得很完整，所以对有胎盘类的解读有着十分重大的影响。

从头到尾都保存得如此完整，真的是太令人震惊啦！

在中国辽宁省，颠覆历史的化石不断被发现

近年来有很多报告显示最早的有胎盘类诞生于侏罗纪。上图为在辽宁省大西山村发掘调查"中华侏罗兽"的罗博士团队。

现在我们知道！

哺乳动物胎盘的起源是通过分析臼齿的形状得知的

现在的哺乳动物，除了单孔类[注1]的鸭嘴兽之外，大多数都属于有胎盘类。生活在白垩纪时期的八个种群里，有胎盘类和有袋类能够得以延续，与它们的繁育方式密不可分。

为了更加安全地繁育胎儿，进化出了胎盘

早期的卵生哺乳动物通常会一次性产下多枚卵。然而，这些卵却经常遭到捕食者的破坏，能够安然无恙孵化[注2]出来的卵少之又少。

于是，便进化出了有袋类。这类动物往往在胎儿尚未完全成熟的状态下将其产出，然后在母体的育儿袋[注3]中养育。不久，进化出了在最安全的场所——母体中养育胎儿的有胎盘类。

为了让胎儿不离开子宫也能在母体内健康成长，营养与氧气是不可或缺的。母亲无法直接用手接触到胎儿，因此一个在胎儿发育阶段必不可少的器官——胎盘，就形成了。胎盘经由受精卵的反复细胞分裂后在子宫内形成，通过"脐带"与胎儿相连。母子之间营养、氧气，乃至二氧化碳等废弃物的交换都是通过胎盘和脐带进行的，也正是因为有了胎盘，才保证了胎儿能在母

杰出人物

古生物学家
罗哲西
（1958—）

思路缜密地解开早期哺乳动物之谜

白垩纪时期哺乳动物之谜的解开，大部分都要归功于哺乳动物早期进化研究第一人、芝加哥大学教授——罗哲西。罗哲西在美国卡耐基自然历史博物馆从事研究工作时，发现了始祖兽，推进有胎盘类出现的历史。目前早期哺乳动物谱系与臼齿的系统分类都与罗哲西教授的研究成果有关。凭借着缜密的思维逻辑，罗哲西教授称得上是世界古生物研究界的翘楚了。

白垩纪时期哺乳纲的谱系与臼齿特征

存活到新生代的只有单孔类（南楔齿兽类）、多丘齿类、有袋类和有胎盘类。有袋类和有胎盘类在白垩纪晚期实现多样化，在新生代种类急剧增加。

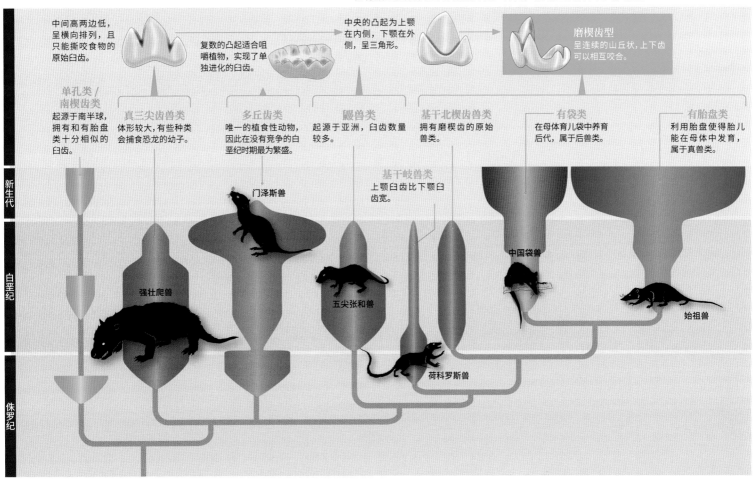

中间高两边低，呈横向排列，且只能撕咬食物的原始臼齿。

复数的凸起适合咀嚼植物，实现了单独进化的臼齿。

中央的凸起为上颚在内侧，下颚在外侧，呈三角形。

磨楔齿型
呈连续的山丘状，上下齿可以相互咬合。

单孔类/南楔齿类
起源于南半球，拥有和有胎盘类十分相似的臼齿。

真三尖齿兽类
体形较大，有些种类会捕食恐龙的幼子。

多丘齿类
唯一的植食性动物，因此在没有竞争的白垩纪时期最为繁盛。

鼹兽类
起源于亚洲，臼齿数量较多。

基干北楔齿兽类
拥有磨楔齿的原始兽类。

有袋类
在母体育儿袋中养育后代，属于后兽类。

有胎盘类
利用胎盘使得胎儿能在母体中发育，属于真兽类。

基干岐兽类
上颚臼齿比下颚臼齿宽。

新生代 / 白垩纪 / 侏罗纪

门泽斯兽

强壮爬兽

五尖张和兽

荷科罗斯兽

中国袋兽

始祖兽

体内安全地发育和出生。

获得了"咬合性"臼齿的早期有胎盘类

但是，胎盘与育儿袋都没能通过化石的形式保存下来。那为什么科学家还能推测出有胎盘类与有袋类起源于白垩纪早期呢？

贡献这项科研成果的，是2002年在辽宁省白垩纪地层中发现并命名始祖兽化石的古生物学家罗哲西。面对保存得极其完整且精细的化石样本，罗教授的着眼点放在了臼齿上。自始祖兽起，直到现生有袋类与有胎盘类的臼齿，都属于"磨楔式齿"，这是一种具有咬合功能的发达臼齿。而且，始祖兽的臼齿数量与现生有胎盘类十分接近，但和有袋类却有着明显的差异。从这一点可以推测有胎盘类或许是在1亿2500万年前出现的。在辽宁省的地层中同

样也发现了有袋类的化石，因其牙齿数量与现生有袋类接近，推测有袋类在白垩纪早期出现。

臼齿的形态，讲述了从侏罗纪到白垩纪时期哺乳动物多样化的故事。

例如侏罗纪晚期出现的真三尖齿目的上下臼齿有着三个山字形的凸起，并且像鳄鱼一样呈直线排列。随后登场的鼹兽科的臼齿，则呈现出上下臼齿稍微有点错位但能咬合的特征。这意味着臼齿是在朝着相互咬合的特征逐渐进化的。再后来，就出现了可以被称为完全进化体的"磨楔式齿"。这种臼齿的上下齿如同"杵"和"臼"一样严丝合缝地咬合在一起，同时拥有"切割"与"研磨"的作用，大幅度提升了动物的咀嚼能力。

有胎盘类与有袋类生存至今，除了优越的繁育方法，还得益于在生存中起到了重要作用的臼齿。

科学笔记

【单孔类】 第86页注1

单孔类是卵生哺乳动物，以鸭嘴兽和针鼹为代表，现在生活在以澳大利亚为中心的区域里。这类动物因为肛门与泌尿生殖系统为同一个排出孔，因此被称为"单孔类"。单孔类动物为卵生，卵孵化后再进行母乳哺育。科学家推测侏罗纪时期拥有与磨楔齿型相似臼齿的南楔齿类是它们的祖先。

【孵化】 第86页注2

大多数情况指胚胎从卵中发育出来的过程。胚胎在卵中发育，然后从卵膜或卵壳中破壳而出。

【育儿袋】 第86页注3

育儿袋是雌性有袋类动物哺育幼子的囊袋。胎儿在发育早期便移入育儿袋中，其内部有乳头，胎儿可以在袋内口含乳头继续发育。根据种类的不同，育儿袋的形态也有所不同。

随手词典

【营养物质】
胎盘通过母体获得并贮藏的碳水化合物、蛋白质、钙、脂肪、维生素、矿物质和氨基酸等物质，根据胎儿的需要释放。

【反刍动物】
是指某些可以在进食一段时间以后将半消化的食物从胃里返回嘴里再次咀嚼的哺乳类食草动物。这些动物有着功能与数量各不相同的胃，牛、绵羊、山羊、骆驼等都属于这类动物。

【胎盘早剥】
一般来说，胎盘会在分娩后剥落，但如果胎盘在胎儿尚在母体内时就出现剥落的征兆，这就是胎盘早剥。胎盘一旦剥落就无法向胎儿体内输送氧气，胎儿将会处在缺氧的危险状态中。

盘状胎盘

这种胎盘类型常见于人类、鼠、猴与兔。这种胎盘在子宫内会形成一个扁盘状。虽然不论哪种胎盘都可以输送氧气、营养物质，并且排出二氧化碳和代谢产物，但只有盘状胎盘可以向胎儿体内输送抗体。

子宫动脉
运输从母体输送来的氧气与营养物质。

脐带
连接胎盘与胎儿肚脐的纽带状器官。脐带表面覆有一层羊膜，两条脐动脉与一条脐静脉从中穿过。成熟状态下，脐带一般长50～60厘米，直径约2厘米，在羊水中漂荡。

脐动脉
脐动脉有两条，里面流淌着静脉血，胎儿就是通过这里将产生的二氧化碳与代谢产物输送到母体中的。

羊膜
羊膜是用来包裹胎儿并且分泌羊水的半透明薄膜。四足动物在获得了羊膜卵的时代就继承了这种器官。胎儿通过脐尿管排出尿液，羊膜还是处理该尿液的重要器官。

胎儿一侧
胎儿体内延伸出脐静脉与脐动脉，从母体吸收营养物质与氧气，同时排出二氧化碳与代谢产物。

羊水
充斥在羊膜腔内，即羊膜与胎儿之间的弱碱性液体。对胎儿起着缓冲垫一样的作用，可以均匀地分散来自子宫的压力。胎儿逐渐成长，通过吞咽羊水进行呼吸练习。

母体一侧

从子宫延伸出的动脉与静脉给胎儿提供营养物质与氧气，同时也帮助胎儿排出二氧化碳与代谢产物。

原理揭秘

『生命的摇篮』胎盘的结构

子宫静脉

接收胎儿体内的二氧化碳与代谢产物。

绒毛腔

绒毛腔中充满着从子宫动脉运输来的血液。母体血液中的营养物质与氧气在这里通过绒毛的毛细血管进入胎儿体内。而胎儿一侧的二氧化碳与代谢产物也同样在这里排出。

绒毛

绒毛是拥有无数毛细血管的树状器官。在胎盘内部通过脐动脉和脐静脉，从母体获取营养物质与氧气，同时排出胎儿产生的二氧化碳与代谢产物。

脐静脉

脐静脉只有一条，里面流淌着动脉血，向胎儿输送母体中的氧气与营养物质。

其他有胎盘类动物的胎盘

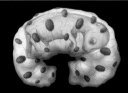

子叶型胎盘

多见于牛、羊和鹿等反刍动物体内。一般在子宫内呈小型胎盘复数分布的形式。即使其中一个胎盘出现剥离，其他胎盘也可以作为补充继续使用，因此降低了胎盘早剥的风险。

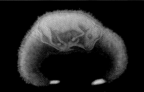

弥散型胎盘

这种胎盘多见于马、猪等动物。胎盘完整地往子宫内形成。其特征是母体与胎儿极易分离，可以在分娩时将对母子的身体伤害都降到最低。

环带型胎盘

环带型胎盘多见于猫、狗、熊等肉食性动物。一般是在胎膜中央形成一圈环带状的胎盘，这种胎盘可以将胎儿非常稳固地附着在子宫壁上，用以避免因捕食而激烈运动导致的流产。

有胎盘类是指胎儿在母体内这样安全的场所中发育的动物。其中不可或缺的器官"胎盘"，承担着母体与胎儿之间营养物质与氧气的供给，以及排出代谢产物与二氧化碳的重要作用。这种器官出现于距今 1 亿 2500 万年的白垩纪时期，之后随着哺乳动物的进化与适应辐射，现在共有 4 种不同的胎盘。

在这里，就以离我们最近的人类胎盘为例，了解一下胎盘的作用与结构吧！

被子植物的化石

Angiosperm Fossils

植物的踪迹遍布全球

相比于动物细胞，植物细胞不容易被分解，因此也更容易以化石的形态保存下来。被子植物的树叶、枝干和种子本就不容易被破坏，很多都以化石的形态保存了下来。在条件良好的状态下，像花朵这样柔软的部分也可以以化石的形态保存下来。

地球博物志

被子植物的化石

年代种类分布表

从白垩纪到古近纪古新世陆生植物的变迁示意图。通过图表我们可以看出，被子植物在白垩纪末激增，呈现出多样化的趋势。

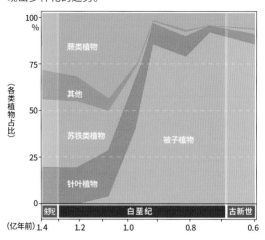

【沙巴榈】

| *Sabalites* sp. |

在日本，沙巴榈有着"熊手椰子"这样的别称，顾名思义，这种植物有着巨大的叶片。其叶片的化石也在世界各地被发现。现在大多生长在美国、拉丁美洲的哥伦比亚与墨西哥等地。沙巴榈的特征是叶片前端呈掌状散开，耐寒性很好。

数据	
分类	棕榈目棕榈科
年代	古近纪始新世
大小	全长约1.8米
产地	意大利

【本州鹅掌楸】

| *Liriodendron honshuensis* Endo |

本州鹅掌楸在日本已经绝迹，但在2303万年前—533万3000年前中新世的化石中十分常见。鹅掌楸属植物目前分布于北美和东亚地区，在目前已发现的化石中，有的种类与北美的品种有相似之处。

数据	
分类	木莲目木莲科
年代	新近纪中新世晚期
大小	长13.5厘米×宽14.5厘米
产地	日本鸟取县鸟取市佐治町辰巳峠

实物大小

文明与地球　药与植物

知名止痛药的祖先

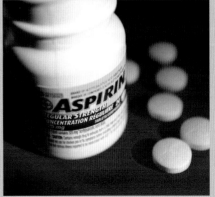

阿司匹林最初是以粉末状发售的，在发售的第二年，也就是1900年制成了片剂

目前世界上广泛使用的止痛药阿司匹林其实起源于西洋白柳。公元前5世纪—公元前4世纪的古希腊时代，欧洲人利用西洋白柳的树皮来镇痛去热。19世纪，科学家分析出了该成分的有机化合物。德国的一家制药公司成功将其合成并推向市场，也就是现在的阿司匹林。

【钱耐】

| *Chaneya tenuis* |

左图为约5000万年前的双子叶植物芸香科的化石。五枚花瓣呈放射状完整地保存了下来，还能够清晰地分辨出相当于叶脉的部分（即维管束）。花朵的中间两个圆形物体为果实。这件化石保留了花朵完整的形态，因此是非常珍贵的化石样品。

数据	
分类	无患子目芸香科
年代	古近纪始新世
大小	直径约2.5厘米（花朵部分）
产地	北美西部

【山樱】

| *Prunus jamasakura* |

右图是日本最具代表性的野生樱花品种、自古以来被人们所熟知的山樱的化石。山樱的新叶颜色十分多变，有红紫色、褐色、黄绿色、绿色等。花瓣为5枚，花朵多为白色或淡红色。

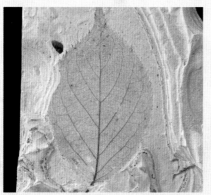

数据	
分类	蔷薇目蔷薇科
年代	第四纪更新世中期
大小	长11.7厘米×宽7.5厘米
产地	日本栃木县盐原町（现那须盐原市）

【日本厚朴】

| *Magnolia obovata* |

右图为30万年前的日本厚朴叶片的化石。作为一种以叶片大为特征的植物，现在的日本厚朴叶片已经可以达到40厘米左右了。现生厚朴的花形也很大，白色的花瓣呈螺旋状排列，继承了木莲科植物最原始的形态。

数据	
分类	木莲目木莲科
年代	第四纪更新世中期
大小	长12.5厘米×宽9.5厘米
产地	日本栃木县盐原町（现那须盐原市）

近距直击

世界上最小的花朵

世界上有直径在0.1～0.2毫米之间的花朵，这种花名叫"无根萍"，作为世界上最小的开花植物被人们所熟知。这种植物大多浮在池塘与水田中，用肉眼几乎无法识别到它们的花。无根萍是雌雄异株花，雄花和雌花分别生长。分布于亚洲各地。

着白色小花、簇拥在水面上的无根萍

【东国三叶杜鹃】

| *Rhododendron wadanum* |

多生长在日本关东地区，因此取名为"东国"。一般生长在海拔1000米以上的地方。在枝梢长出3片尖叶。杜鹃科的代表三叶杜鹃拥有5个雄蕊，而东国三叶杜鹃拥有10个雄蕊且雌蕊的花柱上长有纤毛。

数据	
分类	杜鹃花科杜鹃花属
年代	第四纪更新世中期
大小	长9厘米×宽6.5厘米
产地	日本栃木县盐原町（现那须盐原市）

阳光灿烂的花王国
开普植物保护区

位于南非的西开普省与东开普省，2004年被列入《世界遗产名录》。

非洲大陆最南端的好望角地区，植物多样性之丰富乃世界罕见。这里有大约9000种维管束植物，其中69%为该地特有品种。包括当地被称作弗因博斯的天然灌木林地区在内，8—10月，也就是南半球的春天，是一年当中繁花盛开的季节，是名副其实的地上乐园。

开普植物保护区绽放的花朵

帝王花

一种又名"国王海神花"的常绿灌木。花的直径最大可达30厘米，是南非的国花。

鹤望兰

又名"天堂鸟"，最大的特征是花的形状如同鸟喙。

木立芦荟

芦荟属，多年生草本植物，高达2～3米。芦荟属植物大多原产于非洲南部，自古以来就被用作药材。

木百合

开普植物保护区的特有品种，常绿灌木。高约2.6米，前端的花直径约2～3厘米。

装点桌山国家公园的繁花

根据植物的分布状况地球有六大植物区。开普敦一带属于六大植物区之一，植物种类占非洲大陆的 20%。包括桌山国家公园在内，共有 8 个自然保护区被列入《世界遗产名录》。

蝴蝶效应

蝴蝶扇动翅膀 真的会引发龙卷风吗？

在这个世人都认为科学可以预测一切的时代里，有一位气象学家发出了极大的质疑："巴西的蝴蝶扇动翅膀，会让得克萨斯州刮起龙卷风吗？"

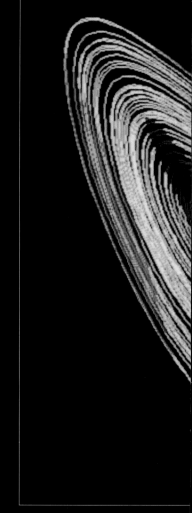

故事发生在 1961 年冬季的麻省理工学院。气象学家爱德华·罗伦兹使用当时已经普及的计算机进行气象变动建模。

用方程式描述气温与气压、气压与风向之间的关系，通过输入各项数值，将问题简化，通过形成的图表来反映每天大气变化的情况。气象变动建模的原理就是这样。

有一次罗伦兹为了验算其中一部分结果，就重新在方程式中输入了数值。因为是在同一方程式中再次输入，和最初的结果理应完全相同才对。然而，奇怪的事情发生了。随着计算的不断进行，结果渐渐出现了偏差。推算到几个月之后的天气时，已经和之前的结果大相径庭。

这其中，到底出了什么问题呢？

天气预报出现偏差的原因

如果罗伦兹将这一切归咎于电脑出了问题的话，或许科学也就不会拉开崭新的一幕了。

他开始寻找原因。最初输入的数值是精确到小数点后六位的，而验算时为了省事就只输入到了小数点的后三位。他以为如此小的误差不会导致太大的问题。然而，最初的一点微小的差异，随着时间的推移却导致了截然不同的结果……这样看来，一周后的天气肯定无法准确预测了。

在那个时代，科学技术的发展是十分迅速的。1957 年，人类史上第一颗人造卫星成功发射，1961 年，载人航天飞船试验成功。计算机科技的发展日新月异。

人们对于气象学的期待也很高。既然可以准确预测日食与潮汐的时间，还能计算出哈雷彗星的出现周期是 76 年，那么不论多么复杂的难题，只要借助计算机的力量就可以解决，预测长期的天气状况也一定可以实现。以气象数据为蓝本，人类可以实现人工降雨，也可以随心所欲地控制天气。有许多人对此深信不疑。

科学家为了弄清自然规律也在不断奋斗。身为其中一员的罗伦兹，却发现了"不可预测性"这一事实。

通过不断实验，他于 1963 年在气象学学刊上发表了论文《确定性非周期流》，但在当时并没有受到学界的认可，也没有在其他领域的学者中间引起话题。大约过了 10 年，罗伦兹的论文才引起了人们的关注。

一位流体力学的学者偶然发现了这篇论文，大为感动。于是给同僚看了这篇论文，其中，数学家詹姆士·约克对

爱德华·罗伦兹（1917—2008）
通过儿时和父亲玩的数学拼图学到了"有时证明一件事情没有答案也是一种回答"

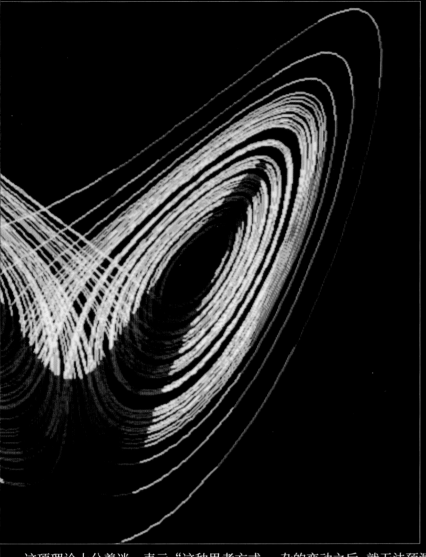

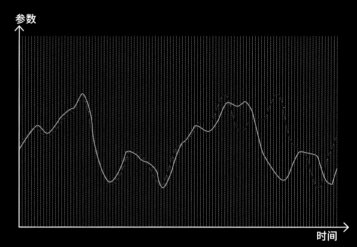

如同蝴蝶翅膀一样的"罗伦兹吸引子"。吸引子是力学体系的专有名词。这种图像需要用三维系统生成。罗伦兹用 x、y、z 三个变量来表示大气的状态。这些点的轨迹连起来，就形成了和蝴蝶一样的形状

出自 1961 年罗伦兹的资料。纵轴是通过气温与气压关系的方程得出的参数，横轴是时间。可以看出微小的误差随着时间的变化渐渐出现了巨大的偏差

这项理论十分着迷，表示"这种思考方式会拉开科学崭新的一幕"。约克也将这篇论文发给了其他科学家，并对罗伦兹赞不绝口。

新科学"混沌学"的存在意义

1972 年，罗伦兹在美国科学促进会发表了题为《可预测性：巴西的蝴蝶扇动翅膀，会让得克萨斯州刮起龙卷风吗？》的演讲。

罗伦兹用了这样一个生动的比喻：蝴蝶扇动翅膀带动微小的大气运动，最终引发了一场巨大的龙卷风。

罗伦兹从天气预报为什么总是会出现误差这一疑问出发，围绕"因为无法得到精确的初始数值，所以在经过一系列复杂的变动之后，就无法预测出准确的结果"这一点进行论述。

1975 年，上文提到的约克教授将这一现象在论文中命名为"混沌学"。流体力学、野生动物种群数量的变动、生命体的心跳、脑电波、传染病的流行与经济波动等方方面面都有涉及混沌学。

20 世纪物理学的三大发展，第一是相对论，第二是量子力学，第三可以说就是混沌学了。混沌学最为显著的表现，就是"蝴蝶效应"。

话说回来，为什么会产生这种现象呢？罗伦兹是这样回答的：

"自然为了创造出千变万化且别具一格的复杂现象，就必然要利用微小的偏差来制造巨大的效果，这也正是'蝴蝶效应'之所以存在的原因。"

小小的蝴蝶扇动翅膀，或许能在遥远的土地引起一场巨大的龙卷风。也有『北京的蝴蝶扇动翅膀，就能在纽约引起一场风暴』这样一种说法

Q 昆虫对花有偏好吗？

A 不同品种的花有着不同的形状与颜色。那么昆虫会对花有独特的偏好吗？例如，长吻蝇与甲虫类的昆虫因为吻部较短，所以非常喜欢春飞蓬这种花粉与花蜜外露的盘状花。而将花蜜藏在花瓣深处的杜鹃花就非常受吻部很长的蝴蝶欢迎。此外，颜色也是决定花是否受欢迎的重要因素。所有的昆虫都非常喜欢黄色的花朵。但凤蝶是个例外，它是昆虫中为数不多能识别红色的种类，因此非常喜欢红色的卷丹和木槿。天香百合与蔷薇会散发出极强的香气，因此受到天蛾等不依靠视觉信息的夜行性昆虫的欢迎。

Q 为什么澳大利亚的有袋类这么多？

A 袋鼠、考拉、袋熊等代表性的现生有袋类大多生活在澳大利亚大陆，其他大陆的话只有美洲大陆上生活着有袋类的负鼠。科学家认为有袋类和有胎盘类进行的生存竞争导致了其生存地区受限。曾经有袋类和有胎盘类一样繁盛，但进化得更为完善的有胎盘类势力逐渐变强，有袋类逐渐被淘汰。澳大利亚大陆在始新世（5600万年前—3390万年前）从南极大陆分离出来。因为早期就与其他大陆相分离，所以澳大利亚大陆上的有袋类得以避免和有胎盘类竞争，从而存活下来。另一方面，南美大陆曾经生存着肉食的袋剑虎等有袋类，大约300万年前南北美大陆连接到了一起，有胎盘类侵入南美大陆，致使南美大陆上的有袋类几乎全部灭绝。

澳大利亚还设有提醒车辆警惕袋鼠突然跳出的路标

Q 袋鼠宝宝是如何进入袋中的？

A 袋鼠最大的特征就是雌性袋鼠的腹部有着一个能装胎儿的"口袋"。这个器官叫作"育儿袋"，袋中有可以喂奶的乳头，袋鼠宝宝会在育儿袋中度过大约半年的成长期。但是，用来生产的器官在育儿袋的外面，袋鼠宝宝按理说没办法一开始就进到育儿袋里。袋鼠的妊娠期大约一个月，最大的袋鼠赤大袋鼠成年后体长超过1.5米，但其刚出生的幼崽体长也不过2厘米，体重只有1克。刚出生的小袋鼠用前肢的力量紧紧地抓住母亲的体毛，然后顺着母亲的身体爬入育儿袋中。

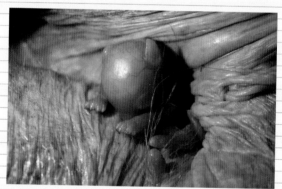
出生一周后在母亲袋中的小袋鼠宝宝

Q 为什么食虫植物会捕食昆虫？

A 食虫植物虽然是植物，但会捕食昆虫、小动物和浮游生物。在植物当中拥有独特生态特征的食虫植物，并不是只依靠捕食昆虫来摄取能量的。它们的营养来源和其他植物一样，都是通过光合作用来获得的。实际上圆叶茅膏菜即使不捕食昆虫，也一样能生长开花，但捕食昆虫可以让花和种子长得更多。因为它们生长的环境里缺乏氮磷等必要的养分，所以需要通过捕食昆虫来获取。

捕食蜻蜓的圆叶茅膏菜。这种植物分布在日本的湿润地带与北半球的高山地区，可以用叶片分泌的黏液来捕食昆虫

菊石与海洋生态系统

1 亿 4500 万年前—6600 万年前

[中生代]

中生代是指2亿5217万年前—6600万年前的时代，是地球史上气候尤为温暖的时期，也是恐龙在世界范围内逐渐繁荣的时期。

—顾问寄语—

北海道大学综合博物馆研究员　富田武照

白垩纪的陆地上恐龙发生了多样性进化，白垩纪的海洋中也别有一番天地。

硬骨鱼类在当时温暖的海洋中空前繁盛。

它们在白垩纪末的生物大灭绝中幸存了下来，直到现在人们还可以在地球上看到它们多姿多彩的样子。

硬骨鱼类为何会发生如此多样的进化？研究人员为解开这一谜团正在不懈努力。

让我们去中生代最温暖的海洋中开启一场冒险之旅吧！

布 满 石 灰 岩 的 海 洋

马斯特里赫特是荷兰南部的一座古都，默兹河流经该城市，而位于默兹河畔的一个石灰岩采石场，是古生物学史上一个具有里程碑意义的地方。18世纪中叶，在此处发现的未知动物的部分头骨化石，成为人们了解1亿年前海洋世界的重要契机。被发现的是白垩纪大型海洋爬行动物——沧龙（默兹河的蜥蜴）的化石。现在这一动物，依然可以把人们的想象力带回遥远的白垩纪海洋。

各种海洋生物的激烈搏斗

沧龙张开巨颚，一口咬住蛇颈龙类，它们尖锐巨大的牙齿会紧紧咬住猎物。对巨大的"海洋蜥蜴"而言，尖锐的牙齿和强有力的下颚是它们在捕食与被捕食这一激烈的生存竞争中存活下来的重要武器。在白垩纪晚期，海洋生存竞争激烈，沧龙作为霸主统治着生活在其中的各种海洋爬行类、大型鱼类和许多无脊椎动物。但是，这一霸主在白垩纪末也灭绝了。

真骨鱼类的繁荣

现代海洋霸主真骨鱼类 不断扩大势力范围

在 1 亿 4000 万年前的白垩纪时期，它们开始发展壮大。

现在我们熟悉的大多数鱼类，如金枪鱼、鲷鱼、竹荚鱼、鲈鱼、鲑鱼等，都属于真骨鱼类。

想不到海底竟然有这么可怕的鱼！

历经数亿年实现"骨骼硬化"的鱼类

白垩纪时期，海洋爬行动物成为"海洋统治者"，称霸海洋。鱼类夺得海洋生态系统"主角"之位，在这之中，出现了一种发生突破性进化的鱼类，即真骨鱼类。

这些鱼类进化的关键在于骨骼从软骨变为含有大量钙的硬骨。直至 4 亿多年前，出现了骨骼部分硬化的鱼类。自那以后，这个不断发生"骨骼硬化"的群体，历经数亿年，到了侏罗纪时期，终于出现了骨骼完全进化为硬骨的鱼类，即真骨鱼类。

自白垩纪起，具有坚硬骨骼的真骨鱼类迎来了大繁荣时期。它们凭借强壮的肌肉提高了自身的游泳能力，与此同时，大型鱼类也开始出现。其中，因体形大而著称的剑射鱼是当时最大的鱼，全长可达 6 米，是白垩纪时期真骨鱼类的代表。

在白垩纪末，曾经海洋中的"霸主"海洋爬行动物几乎全部灭绝，但真骨鱼类却幸存下来并不断繁盛。到底是什么促使真骨鱼类不断繁盛的呢？让我们来一探究竟吧！

凶猛的真骨鱼类——剑射鱼

Xiphactinus

剑射鱼是生活在北美、欧洲、澳大利亚浅海区域的真骨鱼类。俗称"斗牛犬鱼"，是凶猛的乞丐鱼属中体形最大的鱼，一般被认为是白垩纪繁盛的真骨鱼类中的最强捕食者，全长可达 6 米。

全身骨骼硬化与『鱼鳔』成为繁盛的关键因素！

现存的鱼类共分为两大类，一类是骨骼为软骨的软骨鱼类，如鲨鱼、鲟鱼等，一类为包括真骨鱼类在内的硬骨鱼类。硬骨鱼类又可进一步分为具有肉状偶鳍的肉鳍类[注1]和由辐状骨支撑鳍部的辐鳍类。其中，真骨鱼类便是从辐鳍类进化而来的一种鱼类。

辐鳍类出现于距今4亿2000万年的志留纪晚期，并不断进行"骨骼硬化"。那么，这一类鱼为何一定要实现骨骼硬化？科学家认为，其中一个原因是它们为了"进入淡水区域生活"。

志留纪晚期，部分鱼类为了避开鲨鱼等凶猛的捕食者，进入河流和湖泊等的淡水区域生活。而这些进入淡水区域生活的部分鱼类，不久便将向辐鳍类进化。

因淡水不同于海水，几乎不含矿物质成分，所以有科学家认为这些鱼类的硬骨已发展成为储存钙和磷等矿物质成分的储藏库。此外，也有科学家认为，淡水中的浮力小于海水，更易受重力影响，为此，这些鱼类必须靠硬骨来支撑身体。但真相究竟如何，至今仍是未解之谜。

进化至真骨鱼类的漫长之路

不管真相如何，鱼类的骨骼硬化是从进入淡水区域生活的辐鳍类开始的。但是，最初它们仅是身体

美国堪萨斯州西部的斯莫基希尔

1952年，剑射鱼化石在斯莫基希尔被发现。此外，许多白垩纪晚期的动物，如蛇颈龙等海洋爬行动物和翼龙的化石也相继在此处被发现。

的部分骨骼硬化，其余绝大部分还是软骨。

在现在的分类中，有一种鱼类为"软骨硬鳞类"[注2]，它是较为原始的辐鳍类，从4亿年前的志留纪晚期开始，共延续了2亿多年。除了可以在淡水中生活之外，它也可以在海水和其他各种水生环境中生活。在二叠纪时期，现在的弓鳍鱼类和雀鳝类的祖先，以及其他种类的辐鳍类开始出现。但这些鱼类，在白垩纪中期急剧衰退，数量锐减。

取而代之的是在白垩纪海洋中不断扩大势力范围，实现骨骼全身硬化的真骨鱼类。

 新闻聚焦

硬骨鱼类要比鲨鱼等软骨鱼类更原始？

一般认为，像现在的鲨鱼和鲟鱼等软骨鱼类，属于保留了远古形态的"活化石"。但在2014年4月，有研究推翻了这一定论。美国自然历史博物馆的研究小组通过CT扫描，三维重建了在美国阿肯色州发现的3亿2500万年前的软骨鱼类的头部化石，结果发现这一动物的鳃部骨骼构造，与其说接近现存的鲨鱼和鲟鱼等软骨鱼类，不如说更接近硬骨鱼类。这表明，具有（由鳃弓发展而来的）颌的鱼类（有颌类）的祖先，可能与硬骨鱼类含有相似的特征。随着原始软骨鱼类的面纱被揭开，或许可以发现硬骨鱼类要比软骨鱼类更多地保留了远古的特征。

剑射鱼化石

剑射鱼是白垩纪体形最大的真骨鱼类。发现时，其胃内还有一条完整的与其属于同一亚科的小型鱼类腮腺鱼。我们称之为"鱼中鱼"化石。

真骨鱼类的多样体形令人震惊

骨骼全身硬化，对真骨鱼类有何好处呢？答案是可以使硬骨周围的肌肉变得更为强壮，同时也能提高游泳能力。关于提高游泳能力这一点，一般认为在"软骨硬鳞类"时期就已显现，鱼类进化为真骨鱼类之后，游泳能力必然也会进一步提高。

此外，伴随着全身骨骼硬化，真骨鱼类实现了另一种进化——鱼鳔的形成。

人们认为，由于原始的辐鳍类生活在淡水和浅海区域，所以"肺的原型"这一器官不断发达，使得它们能同时借助鳃和肺呼吸。其中，一些再度回归海洋生活的辐鳍类，已不必再用肺呼吸，"肺的原型"逐渐转化为有助于控制浮力的器官。而真骨鱼类最先将这种器官进化为了"鱼鳔"。

如果可以调节浮力，真骨鱼类便能更自由地在水中控制身体。依靠"坚硬结实的骨骼""强壮的肌肉"以及"鱼鳔"，真骨鱼类在水中世界不断进化，从白垩纪时期一直繁盛至今。

□ 硬骨鱼类的进化

硬骨鱼类的进化，从志留纪晚期开始一直持续至今。在这一时期里，虽然也曾出现过多鳍类[注3]和软骨硬鳞类，但是真骨鱼类的出现，彻底击败了其他类群。

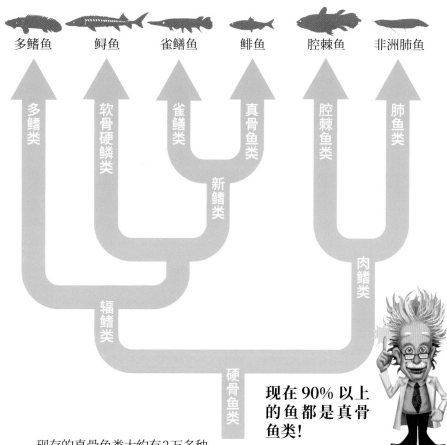

多鳍鱼　鲟鱼　雀鳝鱼　鲱鱼　腔棘鱼　非洲肺鱼

多鳍类　软骨硬鳞类　雀鳝类　真骨鱼类　腔棘鱼类　肺鱼类

新鳍类　　肉鳍类

辐鳍类

硬骨鱼类

现在90%以上的鱼都是真骨鱼类！

现存的真骨鱼类大约有2万多种，占总鱼类的90%以上，其中包括扁平形的鲷鱼、像绳索般细长形的鳗鱼以及纺锤形的金枪鱼等，体形可谓富于变化，多种多样。

游泳方式和食物种类也会因体形多样而各不相同。正因为真骨鱼类在多样性方面占据压倒性优势，所以它们才能适应地球上多样的水域环境，在复杂多变的环境中生存下来。

科学笔记

【肉鳍类】 第108页 注1

肉鳍类是志留纪晚期出现的一种硬骨鱼类，其中腔棘鱼和肺鱼幸存至今。科学家普遍认为，部分肉鳍类进化为现今的哺乳类等四足动物。

现生肉鳍类的代表——腔棘鱼

【软骨硬鳞类】 第108页 注2

软骨硬鳞类是在辐鳍类早期出现的原始鱼类。但在白垩纪晚期几乎灭绝，仅有鲟鱼幸存至今。

【多鳍类】 第109页 注3

多鳍类是现生辐鳍类中最古老的一个类群。现分布在热带非洲地区的淡水鱼——多鳍鱼目，便属于这一类。多鳍类背部有10个左右的背鳍，一直延伸到尾鳍。自泥盆纪出现以来，它们因体形几乎未变而被称为"活化石"。

杰出人物

古生物学家
乔治·史登柏格
（1883—1969）

在故乡堪萨斯州发现剑射鱼化石

因发现"鱼中鱼"化石而闻名的乔治·史登柏格，出身于"古生物猎人世家"，父亲是著名的化石收藏家查尔斯·史登柏格，伯父也是一名收藏家。乔治在9岁时发现了第一具蛇颈龙的全身骨架，之后，作为古生物学家在世界各地进行考古发掘，68岁时在故乡堪萨斯州发现了真骨鱼类剑射鱼的化石。

随手词典

【叶状鳞】
叶状鳞也称"骨鳞"，是真骨鱼类的一种鱼鳞。象牙质和珐琅质退化，鳞片变得又薄又软。

【圆鳞】
圆鳞由一层骨胶原纤维层以及其上的骨质层构成，鳞片重叠。沙丁鱼、鲤鱼和三文鱼等真骨鱼类的鳞片都是这一类型。

【栉鳞】
栉鳞外侧具有一层齿状的棘突。鲈鱼和真鲷鱼等鱼的鳞片为栉鳞。

优势 4 嘴的张合度的变大

真骨鱼类的下颚骨与脸颊分开，进化后的类群的下颚骨变为棒状骨头。因此，它们的整张嘴便能张开，更易于捕食。

鳕形目银鳕鱼的一种——太平洋白鳕张大嘴的样子

鲱鱼
【原始的真骨鱼类】
| *Clupea* |

鲱鱼类从原始的辐鳍类进化而来。具有圆鳞等原始特征，背鳍无棘突。

优势 5 全身的"骨骼硬化"

真骨鱼类的内骨骼全部由软骨变为硬骨，它们凭借强壮的肌肉提高了自身的游泳能力。同时，实现了"体形多样性进化"以适应生存环境。从右图软骨硬鳞类鳍鱼的骨架可发现，它们的背部骨骼等尚未硬化。

三叠纪的软骨硬鳞类鳍鱼的骨架

地球进行时！

凭借体形多样化生活在地球各处！

在脊椎动物中，仅有真骨鱼类体形富于变化，种类丰富。它们根据生活环境和捕食方法，积极改变自己的体形，才造就了如今真骨鱼类的大繁荣。

从左到右依次是鮟鱇、翻车鱼、海马，右上角为海鳗，右下角为比目鱼

优势 ①

轻软的鳞片

比腔棘鱼和多鳍鱼等真骨鱼类更加原始的硬骨鱼类，"硬鳞"又硬又厚。而真骨鱼类的鳞片进化成又薄又软的"叶状鳞"，形成了游动方便的"高性能铠甲"。

硬鳞

栉鳞

圆鳞

真骨鱼类

硬鳞。骨质结构，表面覆一层闪光质和齿鳞质。鳞片随鱼体的生长而生长（图为辐鳍纲多鳍目恩氏多鳍鱼的鳞片）

真骨鱼类的鳞片。骨质结构，根据种类不同可分为圆鳞和栉鳞（图为金鱼的圆鳞）

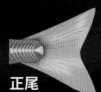

原理揭秘

真骨鱼类的五大优势

促使真骨鱼类实现大繁荣的"优势"，除全身骨骼硬化外，还有鳞片、鱼鳔、嘴以及下颚等结构都比之前的辐鳍类有了很大的进步。

真骨鱼类出现的这些形态结构上的"创新"，使得它们能够灵活适应淡水、海水、浅海和深海等各种水生环境，促进了体形多样的鱼类的出现。

优势 ③

鱼鳔的形成

辐鳍类形成了可在淡水区域呼吸空气的"肺的原型"，当它们再度回归海洋生活后，这一器官进化为"鱼鳔"，具备了可控制身体沉浮的功能，使得鱼类不必游动也能维持中性浮力（既不上浮也不下沉的浮力）。

优势 ②

上下对称的尾鳍

鱼鳔的形成使得真骨鱼类可借助鱼鳔控制身体的沉浮，由于游动时鱼鳔可收缩膨胀，因而尾鳍进化为可以更轻松地调节水力方向（如推力）的"上下对称的正尾"。

鱼鳔

鲈形目鲈亚目"石首鱼"的解剖图

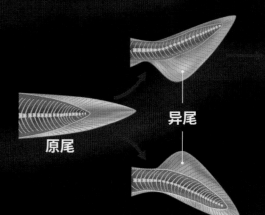

原尾

异尾

正尾

史上最强的海洋爬行动物

白垩纪的海洋霸主——沧龙类

巨大的鲨鱼和凶猛的大型鱼类等多种生物在白垩纪的海洋中展开生存竞争。其中，在生态系统中处于统治地位的是从「蜥蜴」进化而来的海洋爬行类和沧龙类。

"蜥蜴"进入海洋生活，成为史上最强的海洋爬行动物

约2亿年前的侏罗纪时期，有两大势力统治着海洋，分别是蛇颈龙和鱼龙。它们都属于海洋爬行动物。

但鱼龙在白垩纪中期就已灭绝。大约在9300万年前的白垩纪晚期，在多样的海洋爬行类中，一个突然出现的类群——沧龙类，统治了海洋生态系统。

沧龙究竟是怎样一种动物呢？18世纪中叶，第一具沧龙化石在荷兰南部被发现。肉食性动物所具备的尖锐的牙齿以及长达1米多强壮的下颚，使得它们在发现之初被误认为是古代的鲸鱼，或是巨型鳄鱼。但之后，人们渐渐发现，这一动物在分类上和蜥蜴同属爬行类。

在白垩纪中期至晚期，沧龙类的种类和数量急剧增加，在世界各地的海洋中快速繁盛起来。其中，一些大家熟知的沧龙类动物，如海王龙、浮龙、硬椎龙，据说都是凶猛的捕食者。它们到底为何能够称霸白垩纪晚期的海洋世界呢？让我们一起展开探秘之旅吧！

海洋中竟有这么大的"蜥蜴"！

袭击蛇颈龙的沧龙类

9300万年前—6600万年前，沧龙类广泛分布于世界各地的海洋中，除乌贼、鱼类、贝类之外，它们也会捕食蛇颈龙和鲨鱼。人们从众多伤痕累累的化石中推测，沧龙类一直处在无休止的战斗之中。

海王龙的全身骨架

| *Tylosaurus*

海王龙是沧龙类的一种。这一全身骨架存放于宽约7.6米的展示板内。与左侧人物相比，其巨大的体形一目了然。

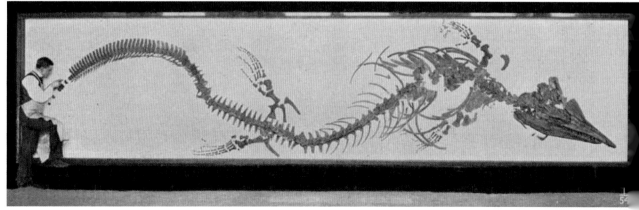

现在我们知道！

为何沧龙类能够称霸竞争激烈的白垩纪海洋呢？

白垩纪中期，在现今南太平洋地区的海底发生了剧烈的火山喷发，彻底改变了当时的海洋状况。海洋生物锐减，以此为食的海洋爬行动物遭受了重大打击。另外，之前一直处于大繁荣的鱼龙也惨遭灭绝，这一切都与这场火山喷发紧密相关。

鱼龙灭绝后，沧龙类填补了"空缺"的生态位[注1]，不断增强自身力量。沧龙类为何能够迅速实现繁盛呢？让我们一起来看看其中的一些关键特征。

在爬行动物中，沧龙类和蜥蜴、蛇同属有鳞目。不同于蛇颈龙和鱼龙，沧龙类是为了在水中生活而发生进化的爬行动物。

沧龙类的一个共同特征是下颚骨头之间具有关节，这使得许多沧龙类在吞进食物的同时，也能控制嘴的张合度。科学家推测，沧龙类的牙齿大而锐利，撕咬能力极强，具有一张将大型猎物整只吞下的"捕食能嘴"。正是这一能力，使得它们能够在海洋生态系统中存活下来。

背鳍和体形的"进化型"变化

沧龙类还具有极强的游泳能力。它们的"游泳方式"到底是怎样的呢？

沧龙类的四肢已演化成鳍状肢。虽然这十分利于拨水，但许多沧龙类都把这一鳍状肢作为在水中改变方向的舵。那么，它们游进时的推力是如何获得的呢？

科学家推测，许多相对早期的原始沧龙类会像鳗鱼和海蛇一样，通过弯曲上下有一定宽度的尾鳍以及蜥蜴般细长的身体来游动前行。

但不久后，在沧龙类中也出现了一些种类，它们的身体由蜥蜴般的细长形转变为现生海豚般的流线

◘ 沧龙类取代鱼龙实现大繁盛

在白垩纪中期的生物大灭绝中，除了鱼龙，部分蛇颈龙、海生鳄类等肉食性海洋爬行动物也灭绝了。沧龙类取代这些"海洋捕食者"，填补了空白。

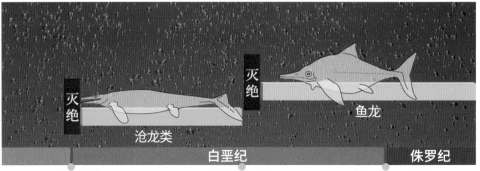

灭绝　沧龙类　灭绝　鱼龙

白垩纪　　侏罗纪

6600万年前　　　　9300万年前　　　　1亿4500万年前

从尾鳍便可看出沧龙类的进化水平。

强者们激战的海洋

白垩纪晚期的海洋中，蛇颈龙、大型海龟、凶猛的软骨鱼类、巨大的硬骨鱼类等群雄并立，沧龙类作为最大最强的捕食者统治着海洋世界。

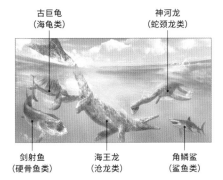

古巨龟 （海龟类） 神河龙 （蛇颈龙类）

剑射鱼 （硬骨鱼类） 海王龙 （沧龙类） 角鳞鲨 （鲨鱼类）

◘ 海王龙胃的化石

在美国南达科他州发现的海王龙胃的化石内，找到了海鸟、硬骨鱼类、鲨鱼（极小的碎片）以及小型沧龙类的化石。

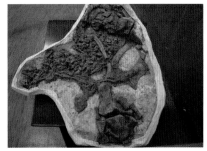

■ 海王龙 （主体部分）
■ 鸟类 黄昏鸟
■ 沧龙类 板踝龙
■ 鱼类 班纳博格米努斯鱼

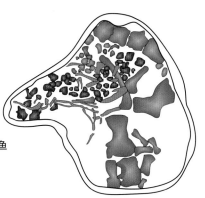

型，几乎消失的尾鳍也逐渐变成鲨鱼的"新月形"。

这一"进化型"沧龙类的游泳方式，类似于现生的旗鱼类和金枪鱼。它们通过躯体后半部分的肌肉运动来强力摆动尾鳍，从而获得推力，使得高效的远距离游泳成为可能。

有鳞目的一个特征是体表被覆着"鳞片"，这有助于降低水对它们形成的阻力。此外，它们的鼻孔位置后退到头骨后上方，以便能够露出水面进行呼吸。

这些变化使得沧龙类的身体高度适应水中生活，它们的栖息地从沿海扩展到海面、浅海、深海，乃至世界各地的海洋。它们的物种多种多样，其中也出现了一些硕大无比的生物，比如，生活在约 8500 万年前—7800 万年前的海王龙，有的体长可达 15 米。

沧龙类的"趋同进化"

沧龙类本来属于爬行动物，形态酷似现在的巨蜥。但在适应水中生活的过程中，沧龙类的形态变得越来越像现生哺乳动物中的海豚、鱼类中的旗鱼类以及金枪鱼。

像这样，在分类上亲缘关系相距甚远的动物，

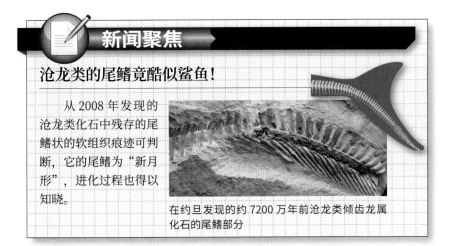

新闻聚焦

沧龙类的尾鳍竟酷似鲨鱼！

从 2008 年发现的沧龙类化石中残存的尾鳍状的软组织痕迹可判断，它的尾鳍为"新月形"，进化过程也得以知晓。

在约旦发现的约 7200 万年前沧龙类倾齿龙属化石的尾鳍部分

史上最强的海洋爬行动物

■功能需求决定生物的形态！

像鸟（鸟类）和蝙蝠（哺乳类）、鼹鼠（哺乳类）的前肢和蝼蛄（昆虫）的前脚等具有同样功能需求的生物一样，不管其所属生态系统如何，我们都把这种形态和器官相似的现象称为趋同进化。

沧龙类型
体形趋同进化成适合长躯干卷曲游泳的形态。不适合长时间的远距离游泳。之后，沧龙的体形逐渐向鱼龙类型趋同进化。

鱼龙类型
趋同进化成更为高效的游泳形态，即不摆动头部，单靠摆动可以降低水中阻力的流线型身体的后半身肌肉，便能够实现远距离游泳。

爬行类

沧龙 | *Mosasaurus* |
生活年代：白垩纪晚期　全长：12～15米

鱼龙 | *Ichthyosaurus* | 生活年代：侏罗纪早期　全长：约2米

哺乳类

龙王鲸 | *Basilosaurus* |
生活年代：新生代古近纪（约6600万年前—2300万年前）
全长：15～18米

真海豚 | *Delphinus* | 生活年代：现在　全长：约2米

不同起源的动物为适应环境进化成了同一体形。

鱼类

旗鱼类 | *Xiphioidei* |
生活年代：现在　全长：最大可达4米以上

在适应同一生存环境（这里指水中）的过程中，形态和器官变得相似的现象称为趋同进化。沧龙类在趋同进化这一点上也备受科学家的关注。

此外，沧龙类在白垩纪末灭绝，它们也是地球上最后一批称霸海洋世界的爬行动物。

之后，巨大的"海洋哺乳类"龙王鲸[注2]填补了沧龙类的空白。龙王鲸作为原始的鲸

类，其骨架与沧龙类中海王龙的骨架惊人地相似。由此也能看出趋同进化现象。

沧龙类虽已灭绝，但它们的"形态"说不定通过其他动物留存至今。

科学笔记

【生态位】 第114页 注1
生态位又称生态龛。龛原本指在建造房屋时，在墙壁上凿出的一个地方。后来也指每个生物种群在生态系统中所处的位置以及发挥的作用。

【龙王鲸】 第116页 注2
龙王鲸生活在4000万年前—3400万年前，是新生代古近纪始新世晚期的海洋哺乳动物。身体细长，雄性平均体长可达18米。属于原始鲸类。

近距直击

沧龙类竟是蛇的祖先？

1869年，研究人员从两者都能弯曲身体移动（游泳）这一共同特征判断，蛇是由沧龙类进化而来的。20世纪70年代，海生的"有脚蛇"化石在以色列被发现，20世纪90年代经过再次讨论，沧龙类和蛇是近亲的假说变得更有说服力。但在21世纪初，蛇的祖先更接近蛇蜥[注3]的假说被认为更有说服力。时至今日，讨论仍在继续。

盲蛇蜥。蛇蜥科，无四肢（脚），外观似蛇

在埃及发现的龙王鲸化石

【蛇蜥】 第116页 注3
蛇蜥属于有鳞目蜥蜴亚目巨蜥下目蛇蜥科的蜥蜴类动物。四肢退化，外形似蛇，但具有"眼睑和耳孔""自动断尾"等蜥蜴特有的特征。

日本的海洋爬行动物研究令世界瞩目

了解海洋爬行动物变迁的重要信息来源

北海道的虾夷层群、岩手县的久慈层群、福岛县的双叶层群、大阪府·和歌山县·兵库县·香川县的和泉层群以及鹿儿岛县的御所浦层群是日本主要出产白垩纪海洋爬行动物化石的地层。众所周知，蛇颈龙类、龟类、沧龙类都出产自这些地层。

大型脊椎动物的骨架在石化过程中往往会分离，特别是像日本白垩纪的海洋爬行动物化石，含有该化石的岩石破裂，落至悬崖下、河流中。因为化石常发现于远离原始地层的"落石"内，所以仅凭部分骨骼难以确定动物的属种以及年代。但是，日本的白垩纪地层是基于菊石和微化石而划分的生物地层顺序（基于化石的地层测年法），十分精确，其中一个优点是可以准确地确定爬行动物化石的年代。

此外，在1亿年前至6600万年前的漫长时期里，整个北太平洋地区，仅在日本发现了海洋爬行动物化石，这成为当时

■ 虾夷龙 | *Taniwhasaurus mikasaensis* | 的复原图

沧龙类海怪龙属的新物种——虾夷龙的头骨化石（现藏于三笠市立博物馆）。1976年6月21日，发现于北海道三笠市，次年7月指定为国家天然纪念物。

■ 双叶铃木龙 | *Futabasaurus suzukii* | 的复原图

初步了解爬行动物变迁的重要信息来源。

日本不断推进的海洋爬行动物研究

关于日本白垩纪海洋爬行动物的学术性报告，可追溯到20世纪20年代。当时，日本缺少相关的从岩石中分离化石的设备、技术以及分类学研究所需的文献和比较标本等资料，研究难以进行。如果要对爬行动物等大型脊椎动物的化石展开研究，详细记载解剖学·地质学特征、大型脊椎动物与其他动物之间的差异性的记载性论文必不可少。特别是只有发表（出版）符合"国际动物命名法规"的记载性论文，"新物种"才能获得认可。因此即便发现了生活在日本的海洋爬行动物的化石，化石研究所需的记载性论文依然难以出版。

然而，经过管理化石标本的博物馆和相关人员的不懈努力以及日本古脊椎动物学的不断发展，从20世纪80年代

开始，日本陆续出版了很多与白垩纪海洋爬行动物有关的记载性论文，其中几篇还记载了新物种。

记载于1985年的沧龙属平齿蜥是日本最早记载的白垩纪海洋爬行动物的新物种，1996年又记载了革龟类的新属新物种——波纹中棱皮龟。此外，像2006年的蛇颈龙类中的双叶铃木龙、2008年沧龙类中的虾夷龙（学名为三笠海怪龙），它们相关的记载性论文都是在发现化石后30多年才得以出版。这些论文的出版是进行应用型研究的第一步，我们希望今后的研究会取得新进展。

佐藤玉树，东京大学理学部毕业，美国辛辛那提大学硕士，加拿大卡尔加里大学博士。曾作为博士后研究员供职于加拿大皇家蒂勒尔博物馆、北海道大学综合博物馆、加拿大自然博物馆和日本国立科学博物馆。曾任东京学艺大学助教，现为该校教育学部副教授。专业是古脊椎动物学，专攻鳍龙类的物种记述和谱系学研究。凭借对鳍龙类等中生代爬行动物的研究，于2010年获日本古生物学会的论文奖，于2011年获该学会颁发的学术奖。

随手词典

【达拉斯蜥蜴】
一般认为，达拉斯蜥蜴是白垩纪晚期生活在北美海域沧龙类的祖先。体形小，全长约90厘米。尾巴如蜥蜴般细长，可弯曲身体游动。

【浮龙】
浮龙生活在白垩纪晚期的北美海域，是沧龙类中向鱼龙类型发生趋同进化程度最高的动物，尾鳍变大，仅靠摆动下半身便可实现高速远距离游动。

【龙骨】
龙骨是体表的鳞片上小的垄状突起。也称"脊"。虎斑颈槽蛇和日本锦蛇等部分蛇的鳞片上就有这种龙骨。

【趾骨】
趾骨是构成四足动物的前肢和后肢的脚趾上各块骨的统称。沧龙类和蛇颈龙等海洋爬行动物的鳍肢上都有趾骨。

紧紧咬住猎物的颚

沧龙类的颚同蛇一样，关节疏松，可以张大嘴巴。此外，由于下颚间也有关节，这使得它们能够从垂直方向上强有力地咬住猎物。

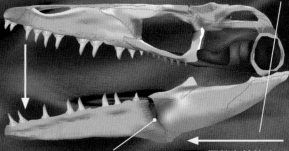

下颚间的关节　　　下颚稍向前移动

可强有力
地咬住猎物

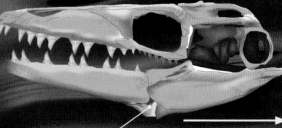

下颚间的关节　　　下颚稍向后移动

固定不动的两排牙齿

沧龙类同蛇一样，牙齿上颚内部还有两排内齿。这使得它们在吞食猎物时，即便张大嘴巴，猎物也难以逃跑。

沧龙类的牙齿化石

蛇的上颚内部

强壮的胸鳍

与趾骨之间狭窄的蛇颈龙鳍肢（右图）不同，沧龙类鳍肢的五个趾骨分开，并能够像扇子一样展开。鳍肢的作用类似舵，能够在水中改变方向，高速游泳。

拨水的尾鳍

为了不断适应水生环境，沧龙类的尾鳍逐渐进化为"新月形"，可像鱼龙般快速游动。下图所示长长的尾鳍，有助于沧龙类在深海潜行。

达拉斯蜥蜴｜*Dallasaurus*｜

沧龙｜*Mosasaurus*｜

浮龙｜*Plotosaurus*｜

原理揭秘
沧龙类为何能成为霸主？

沧龙类出现于白垩纪晚期，那时，巨大的海洋爬行动物鱼龙虽已灭绝，但蛇颈龙仍继续存在。蛇颈龙体形偏大，是凶猛的捕食者。那么，为何沧龙类能够凌驾于蛇颈龙之上，成为生态系统中的最强者呢？原因在于沧龙类特有的两大优势，即爬行动物的特征和"高度适应水生环境的体形"。

沧龙
｜ *Mosasaurus* ｜

降低水中阻力的鳞片

沧龙的鳞片表面，有一层类似蛇鳞的小龙骨。龙骨的作用是防止游动时体表发生旋涡，以降低水中阻力。

🔍 近距直击

沧龙类化石的发现要早于恐龙！

1764 年，人们在荷兰的一个采石场中发现了沧龙的部分头骨，这比恐龙化石（禽龙）的发现早了 50 多年。1808 年，法国生物学家乔治·居维叶发现了第二具标本，并由此确认沧龙与巨蜥有较近的亲缘关系。

发现之初，人们并不认为沧龙的头骨化石属于远古时期的已灭绝生物

异常卷曲的菊石

在白垩纪出现许多异形菊石

菊石从泥盆纪早期的鹦鹉螺类进化而来。之后，它们在几次生物大灭绝中幸存下来并不断繁荣，进化成令人惊讶的形状。

大自然真是鬼斧神工。

菊石经过多样化变得"异常卷曲"

从侏罗纪至白垩纪，超级大陆泛大陆不断分裂，形成现今大陆的位置。在这一时期，大陆间形成新的海洋，多种生物聚集生活在浅水区域。由于三叠纪末大灭绝[注1]，菊石类的种类和数量都发生锐减。但随着新的海洋不断出现，菊石类再次走上了繁荣之路。

菊石广泛分布于世界各地的海洋中，由于海洋环境不同，菊石的壳体形状和壳表装饰也是多种多样。其中，除传统的平面螺旋状的壳体之外，菊石中也出现了其他异常卷曲的形状，我们称之为"异常卷曲"壳体。总之，在白垩纪晚期，我们可以看到像弹簧般立体的螺旋状以及棒状等多种形状的菊石。这些化石大多出产于日本北海道、俄罗斯远东地区、美国西海岸等地。

但是，由于海平面的下降，这些形态多样、一度繁荣的菊石数量不断减少，最终在白垩纪晚期，和恐龙一起在地球上消失了。

白垩纪晚期的海洋想象图
壳体为平面螺旋状的菊石和异常卷曲状的菊石一同生活在浅海的海底附近。图片中左前方为多褶菊石，右前方为日本菊石。蛇颈龙等大型海洋爬行动物是它们共同的天敌。

121

现在我们知道！

异常卷曲的菊石并不『异常』

在异常卷曲的菊石中，日本菊石又凭借卷曲方式的"怪异性"显得尤为突出。顾名思义，日本菊石是最早在日本发现的菊石化石，它们大量出产自北海道白垩纪晚期的地层中。

在发现之初，有的研究人员将日本菊石视为突变注2产生的异形生物，之后，随着同一形状的化石不断被发现，研究人员才确认日本菊石与菊石为同一"属"。但是，一眼看去日本菊石形状虽复杂怪异，实际上它们是遵循一定的规律形成的，日本爱媛大学的冈本隆副教授已在他的研究中对此做出了解释。

切换3种旋卷方式进行生长

日本菊石外壳共有右旋卷的立体螺旋状、左旋卷的立体螺旋状和平面螺旋状3种旋卷方式，每种旋卷方式可互相切换。切换方式如同它们改变生长方向一般，当形状过于向上生长时，便开始朝下生长，反之，则朝上生长。正因如此，日本菊石似乎总与海底保持一定的角度。按照这一设定，便可以在计算机上模拟再现日本菊石的怪异形态。

在模拟实验中，如果将壳体的卷曲程度设为最小或最大，那么壳体的卷曲方式则变为普通的立体螺旋状或平面螺旋状，而不再像日本菊石那样扭曲。此外，与日本菊石一样出产自白垩纪地层的还有呈普通立体螺旋状卷曲的菊石和真螺旋菊石。异常旋卷的菊石与日本菊石的壳表装饰以及生长初期的形状十分相似，一般认为它们可能是日本菊石的祖先。

白垩纪也出现了先呈直线状生长后又改变方向的菊石、呈蚊香状的菊石等各种各样异常卷曲的菊石。这些菊石都是遵循各自的物种规则卷曲而成的，并不属于异形生物。

为何会出现异常旋卷的菊石？

那么，这一时代，为何会出现如此多异常卷曲的菊石呢？过去，有说法认为异形物种是随着菊石的衰退而出现的，但现在越来越多的人开始否定这一说法。虽然事实尚未弄清，但冈本教授提出了一种新的可能性。他

日本菊石的卷曲方式

日本菊石共有左旋卷的立体螺旋状、平面螺旋状和右旋卷的立体螺旋状3种旋卷方式，在壳体生长过程中，每种旋卷方式可互相切换。

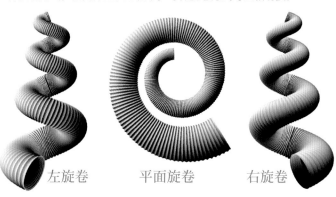

左旋卷　　　平面旋卷　　　右旋卷

日本菊石 | *Nipponites mirabilis* |

日本菊石生活在白垩纪晚期，在拉丁语中意为"日本之石"，它们是异常卷曲的菊石中旋卷方式最为复杂的一个物种。壳体呈现出一层层的U字形构造，壳口部分直径为1～2厘米。

日本菊石的生长方式模拟

下图是利用计算机模拟的日本菊石生长图。只要遵循让壳体与水平方向保持在0度～40度的角度进行生长的规则，便可形成日本菊石的形状。

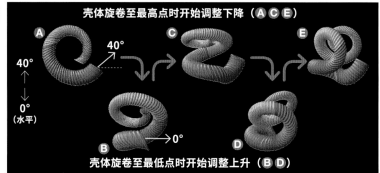

壳体旋卷至最高点时开始调整下降（A C E）

壳体旋卷至最低点时开始调整上升（B D）

还有更多异常卷曲的菊石

以下将介绍壳体呈不同形状异常卷曲的菊石，如呈疏松螺旋状，或中途改变旋卷方式，或呈 U 字形等。

这些外壳都是遵循规则正常旋卷的。

塔菊石
| *Hypoturrilites komotai*

塔菊石生活在白垩纪晚期，外壳呈立体螺旋状旋卷，是一种外观似螺的菊石。该标本高 20 厘米。

壳体外侧并排有疣状突起

生长时不断改变方向

多褶菊石
| *Polyptychoceras obstrictum*

多褶菊石生活在白垩纪晚期，外壳径直生长，生长到一定位置后改变方向。该标本高 14 厘米。

外形像疏松的弹簧

真螺旋菊石
| *Eubostrychoceras japonicum*

真螺旋菊石生活在白垩纪晚期，外壳呈立体螺旋状，一般认为是日本菊石的祖先。该标本高 10 厘米。

像蚊香般的旋卷方式

梯纹菊石
| *Scalarites scalaris*

梯纹菊石生活在白垩纪晚期，外壳呈展开般的疏松平面螺旋状。该标本的壳口部分直径为 2 厘米。

念珠菊石
| *Nostoceras hyatti*

念珠菊石生活在白垩纪晚期，外壳起初呈立体螺旋状旋卷，后变为鱼钩状。该标本高 9 厘米。

外壳变为鱼钩状旋卷

认为，菊石在白垩纪迎来了鼎盛时期的同时，也要面对严峻的生存竞争。在形状方面，为保持身体上所受的重力与浮力[注3]相等，传统正常旋卷的菊石[注4]的壳口部分形状几乎直接朝上，异常卷曲的菊石可能壳口部分形状多是朝下。这表明，多数异常卷曲的菊石可能以海底生物和腐烂的肉为食。也就是说，由于菊石游速缓慢，所以异常卷曲的形状会更利于它们捕食海底生物。不管这一假说正确与否，至少已证明菊石多样化的形态对它们的生活方式具有重要意义。

科学笔记

【三叠纪末大灭绝】 第120页 注1
指三叠纪末（2亿130万年前）发生的生物大规模的火山爆发导致气候突变，地球上约76%的物种灭绝。其中，许多种菊石类也惨遭灭绝。

【突变】 第122页 注2
突变指由于某种原因使得生物基因发生改变。当体细胞发生变异时，可能会导致疾病或畸形，但并不会遗传给后代。但如果生殖细胞发生突变，便会遗传给后代。

【浮力】 第123页 注3
浮力指在液体中的物体各表面所承受的力。当物体悬浮在液体中处于静止不动状态时，表明该物体所受的浮力与重力相等。

【正常旋卷的菊石】 第123页 注4
由于菊石呈平面螺旋状旋卷，所以如果外壳的螺旋状疏松则为松卷，螺旋状紧密则为密卷，这两种情况都属于正常旋卷的菊石。但如果卷是展开的并留有间隙，即便它的外壳呈平面螺旋状，我们也称之为异常卷曲的菊石。

杰出人物

地质学家
矢部长克
（1878—1969）

最早研究异常卷曲菊石的学者

1904 年，矢部长克发现了日本菊石，提出它们是新属、新物种，但当时世界上的其他研究人员仅把它们视为突变产生的异形生物。虽然矢部发现了菊石旋卷方式中存在的规律并做了详细描述，但一直不被学界认可。直至近些年利用计算机进行研究，才得以证实他的观点是正确的。矢部长克曾任日本东北大学教授，致力于研究地质学和古生物学，1953 年获日本文化勋章。

地球博物志

白垩纪的无脊椎动物

| Invertebrates of The Cretaceous age |

维系海洋爬行类的无脊椎动物

在白垩纪的海洋中，除繁盛的鱼类和海洋爬行类外，无脊椎动物作为它们的食物，种类也是多种多样。以下将介绍几种在中生代中维系鱼龙和沧龙类繁荣的无脊椎动物。

白垩纪主要的无脊椎动物种类

【头足类】
除菊石之外，头足类动物还包括看起来像现生乌贼的箭石类和鹦鹉螺类。在白垩纪时期，这些物种都发生了进化，实现了多样性。

【双壳类】
从寒武纪出现到现在这一漫长的历史中，双壳类在白垩纪时期最具多样性。当时，出现了直径从数厘米到1米的巨大的双壳类物种。

【腹足类】
腹足类出现于寒武纪时期，生存至今。贝壳呈螺旋形旋卷，白垩纪时期出现了许多新的种类，腹足类也是软体动物中种类最多的一种动物。

【海胆类】
海胆类是中生代棘皮动物中最为繁荣的物种之一。侏罗纪以后，栖息地扩大到了海底。到了白垩纪，物种进一步繁盛。

【鹅掌螺】

| Aporrhais |

鹅掌螺是从白垩纪早期生存至今的一种螺类，多出产自白垩纪地层。壳表多棘突，起到维持壳体稳定和防御的作用。虽然现生物种仅生活在大西洋之中，但在世界各地都发现了它们的化石。

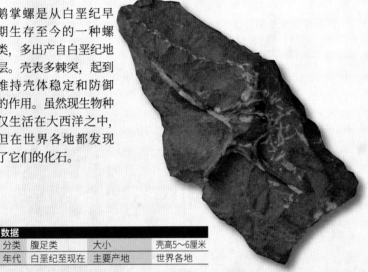

数据			
分类	腹足类	大小	壳高5~6厘米
年代	白垩纪至现在	主要产地	世界各地

【杆菊石】

| Baculites |

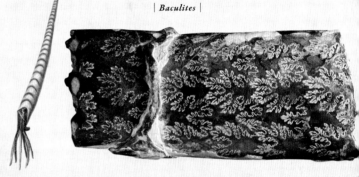

杆菊石是属于菊石目的一种头足类动物，随着生长，外壳会由螺旋状变为笔直的棒状，是一种较为罕见的物种。在生长初期，它们的头部呈细小的螺旋状，但迄今为止几乎没有发现这部分的化石。杆菊石出现于白垩纪晚期，属"异常卷曲"的菊石。

数据			
分类	头足类	大小	壳长最大2米
年代	白垩纪晚期	主要产地	世界各地

地球进行时！

生活在海水、淡水、陆地上的现生腹足类

腹足类在5亿多年里，实现了其他物种无可比拟的多样性。虽然许多腹足类都是生活在海中的螺类，但有很多物种已经失去了贝壳，如裸海蝶等。还有一些物种的生活区域已经从海水转移到了淡水或陆地，如蜗牛和蛞蝓就是陆生腹足类的代表。物种如此丰富的腹足类，就像是了解生物多样性的样本。

节庆多彩海麒麟是一种在成年后会失去贝壳的腹足类动物。现存的腹足类约10.3万种

【达科蒂巨蟹】

| Dakoticancer australis |

达科蒂巨蟹是白垩纪末仅在现北美和中美地区繁荣的一种螃蟹。图片为出产自密西西比州的一种达科蒂巨蟹化石。甲壳类是一种节肢动物，多发现于世界各地的白垩纪地层中，许多海洋爬行动物都以它们为食。

数据			
分类	甲壳类	大小	(图中化石)宽约6厘米
年代	白垩纪晚期	主要产地	北美

【箭石】

| Belemnites |

箭石是繁荣于三叠纪至白垩纪时期的一种头足类动物，在白垩纪末灭绝。由于在鱼龙等鱼龙类动物腹中发现了大量箭石的化石，所以科学家认为许多海洋爬行动物都以箭石为食。箭石和菊石、鱿鱼、章鱼都是头足类动物。一般认为箭石是与现生墨鱼最接近的一个物种。

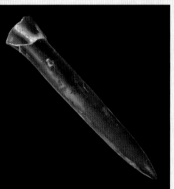

数据	
分类	头足类
年代	三叠纪至白垩纪末
大小	长约60毫米（左图化石）
主要产地	世界各地

左图是残存的箭石"内壳"的部分鞘。上图是侏罗纪时期的箭石化石，整个身体的轮廓线都完整地保存了下来。科学家认为它们与同为头足类的乌贼比较相似

近距直击

箭石的壳体构造

箭石化石多出产自欧洲、北美以及日本国内等地。由于大部分箭石呈圆锥状，外形似箭头，故称为"箭石"。其中，箭石内壳前端的"鞘"多作为化石保存了下来，有些呈棒状的"前甲"也变成了化石得以保存。除上述部位之外的壳体部分很少作为化石保存下来，但在英国和德国发现了能确认箭石壳体轮廓线的化石。

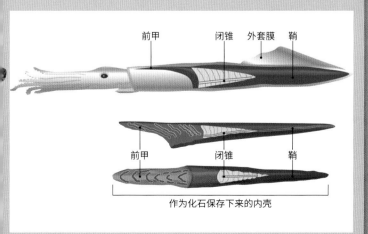

前甲　闭锥　外套膜　鞘

前甲　闭锥　鞘

作为化石保存下来的内壳

与乌贼相同，箭石的壳体表面覆盖了一层"外套膜"，内部也有一层壳。因为内壳的鞘是碳酸钙，所以易作为化石保存下来

【马尾蛤】

| Hippurites |

马尾蛤是一种双壳类动物，属固着蛤，出现于白垩纪中期，繁荣至白垩纪晚期，在白垩纪末灭绝。壳分为上下两部分，上壳呈盖状，下壳呈杯状，像扎进海底一般保持直立状，形成生物礁。固着蛤取代了生活在特提斯海等热带海域的珊瑚类，成为一种巨大的造礁生物。

数据			
分类	双壳类	大小	高5～25厘米
年代	侏罗纪晚期至白垩纪末	主要产地	欧洲、中东、美国、日本

【翼三角蛤】

| Pterotrigonia pocilliformis |

三角蛤也称三角贝，是三叠纪至白垩纪时期中生代具有代表性的双壳类动物。其中，翼三角蛤是生活在白垩纪早期至中期的一个物种，多出产自浅海区域的地层，是人们了解当时环境的一个线索。"Ptero（翼）"，顾名思义，翼三角蛤的两面壳一打开，便可看到一对翅膀的形状。

数据			
分类	双壳类	大小	（图中岩石宽度）约21厘米
年代	白垩纪早期至白垩纪中期	主要产地	世界各地

【小蛸枕海胆】

| Micraster |

许多海胆类动物都生活在海底，但在白垩纪晚期繁盛的这一物种却生活在海底的软泥之中。主要特征是碳酸钙的心形外壳和壳体表面清晰可见的5个花瓣状凹槽，壳体表面似乎还有细小的棘突，上面覆盖着小疣。

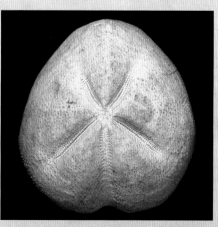

数据			
分类	海胆类	大小	长轴4.5～6.5厘米
年代	白垩纪晚期至古近纪古新世	主要产地	欧洲、西亚

波光粼粼的蓝色海洋天堂
阿尔达布拉环礁

位于塞舌尔共和国，1982 年被列入《世界遗产名录》。

塞舌尔群岛位于印度洋，靠近非洲大陆东海岸。其中的阿尔达布拉环礁作为塞舌尔群岛的一部分，由珊瑚礁隆起而成的 4 个岛屿组成。在享有"珍珠"美称的塞舌尔群岛之中，阿尔达布拉环礁保留着格外美丽的自然风光，是阿尔达布拉象龟等众多濒危物种的宝贵栖息地。

生活在阿尔达布拉环礁的珍贵生物

阿尔达布拉象龟

阿尔达布拉象龟与加拉帕戈斯象龟同为体形较大的陆龟。背甲长约 1 米，最大的体重超过 200 千克，最长寿命达 152 年。

绿海龟

最大的绿海龟全长 1.5 米，体重达 320 千克。阿尔达布拉环礁是绿海龟的重要产卵地之一。

椰子蟹

椰子蟹是一种寄居蟹。全长约 30 厘米，体重可达 2 千克。据说它们能够用强有力的双螯剪下椰子，并凿壳吃椰肉。

白喉秧鸡

顾名思义，白喉秧鸡的特点是喉咙处生长着白色羽毛。它们是印度洋海域中残存的唯一一种没有飞行能力的鸟类，其他物种都已灭绝。

距非洲大陆东海岸
约 640 千米的一座岛屿

因为阿尔达布拉环礁是一座远海的岛屿，所以保留了许多未被人类破坏的自然景观。岛的内侧是一个由海水形成的浅潟湖，陆地上长有茂密的红树林，是阿尔达布拉象龟和鸟类的天堂。

2008年，人们在丹麦海岸附近的海底发现了一个怪圈。难以想象这会是人类的恶作剧，因此有人猜测这是「不明飞行物着陆的痕迹」。那么，海洋生物学家小组在2014年初调查报告的结果到底是什么呢？

丹麦首都哥本哈根往南约100千米的默恩岛，是一座位于波罗的海的岛屿，以其丰富的绿色植被和雪白的碳酸钙悬崖而闻名，也是一个备受欢迎的度假胜地。

2008年，有游客在白垩悬崖附近的海域用相机拍到了"海洋麦田圈"的照片，从照片可看到在海底的大叶藻群落附近有几个圆圈，其中，有的圆圈有网球场一般大。

这些圈究竟是如何形成的呢？在有人提出"这可能是在第二次世界大战中掉落的炸弹遗留的痕迹"后，各种推测便层出不穷。其中，也有人信誓旦旦地认为"这一定是不明飞行物着陆的痕迹""这是海中的仙女弄的痕迹"等。

英语中有一种现象为"仙女环"，日语中称之为菌环，指蘑菇呈环状生长，常见于森林和草地上。在默恩岛大叶藻群落出现的几个圆圈，也称为"仙女环"。

关于蘑菇现象，原因早已弄清。由于地下的蘑菇菌丝向四周辐射生长，中间部分的菌丝相继死去，到了一定的季节，蘑菇的顶端部分会因为繁殖破土而出，因此，蘑菇最终会出现呈环状生长的现象。

那么，海中的"仙女环"是什么原理呢？

白垩悬崖与大叶藻的关系

科学家刚准备着手调查原因，圆圈便消失了，人们以为这会成为一个未解之谜。但3年后，即2011年，"仙女环"再次出现了。南丹麦大学和哥本哈根大学的海洋生物学家小组联手展开了调查。

其实，大叶藻就是指生长在世界各地浅滩泥沙底部的被子植物。叶子呈细长状，长约20～100厘米，宽约3～5毫米。常在海底生长茂盛。繁殖方式有种子繁殖和根茎繁殖2种。与蘑菇孢子相同，大叶藻的种子落到海底发芽，之后，随着生长，根茎形成分支，植株不断扩展。

那么，默恩岛的圆圈和蘑菇圈属于同一种现象吗？

调查小组对大叶藻和大叶藻中沉积的淤泥进行了采样和分析，这些样本来自5个圆圈，直径从2米到15米不等。最后，他们发现了一个有趣的事实。

他们发现，圆圈内侧的大叶藻生

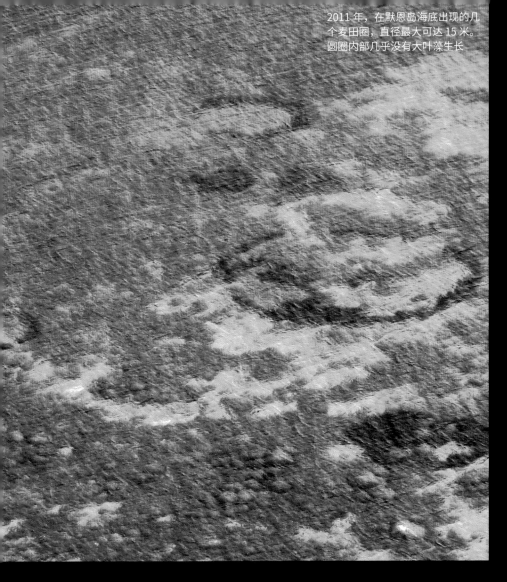

2011年，在默恩岛海底出现的几个麦田圈，直径最大可达15米。圆圈内部几乎没有大叶藻生长

大叶藻在水深数米的泥沙底部自然生长，汉字可写作"甘藻"。它并不是通过孢子繁殖的藻类植物，而是被子植物中的一种海草。一年生的大叶藻通过种子繁殖，多年生的大叶藻可通过种子繁殖和根茎繁殖

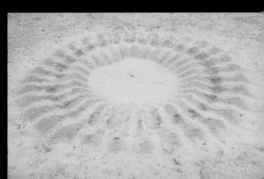

奄美大岛附近海底的麦田圈。这其实是河豚为产卵而建的

长密度大，生长在内侧的大叶藻的根和叶都要短于外侧，看起来很孱弱。此外，内侧的淤泥沉积中含有硫化物，这对大叶藻而言是有毒物质。

硫化物为何会沉积呢？一般情况下，硫化物与海水中的铁结合后，会变得无毒。但是，以白垩悬崖为特点的默恩岛的地质是碳酸钙，含铁量很少。

调查小组的代表是这样解释的："硫化物通常会被海流冲到海面上，但是，大叶藻群落会阻碍硫化物的流动，致使毒素集中在一起。"

大叶藻的根茎与菌丝相同，会从中心向四周辐射生长，使得群落不断扩张。也就是说，圆圈外侧生长茂盛的大叶藻不会

受毒素影响，但中间部分老化的大叶藻大多会变得枯萎。最后，生长茂盛的大叶藻仅剩一个环状，由此形成了"仙女环"。

海中"仙女环"是一种警告

大叶藻很容易受硫化物这一毒素的影响。这究竟意味着什么呢？"世界上的大叶藻正处于锐减当中。"这让研究小组陷入了担心。

众所周知，氧气浓度较低的海水中含有硫化物，而氧气浓度之所以不断降低，是因为排入海洋中的水含有工厂废水和化学肥料等。

本来，大叶藻可以极大地净化水质，

它们的群落不仅是鱼类的产卵地，还是幼鱼和小型动物的重要栖息地。此外，以幼鱼和小型动物为食的大型生物也因觅食而聚集在了这里。

微生物可以将枯萎的大叶藻分解成含有不同微生物的有机物，使它们成为贝类和甲壳类等动物的饵料。可以说大叶藻的群落是海洋食物链的一个重要环节。

这些麦田圈，可能是"仙女"发出的一条警告人类破坏环境的信息。

Q 菊石一直被沧龙类捕食？

A 科学家在北美白垩纪地层中出产的大型菊石中发现，大多数菊石都有很多孔。其中，也有并排呈 V 字形的孔，经确认，这其实是"沧龙类的咬痕"，因此科学家推测菊石一直被沧龙类捕食。但近几年，科学家从与带孔状菊石同期出产的化石中判断，这些孔极有可能是盖笠螺栖息的痕迹，这对沧龙类的"咬痕说"提出了很大的质疑。虽然沧龙类是否捕食菊石这一点尚未明确，但科学家在与沧龙类同为海洋爬行动物——蛇颈龙类化石的胃中，发现了部分菊石化石。

保留了许多圆形小孔的菊石化石。科学家曾经认为这是沧龙类的咬痕。该化石发现于加拿大阿尔伯塔省

Q 鱼鳞除"保护自身"外还有哪些作用？

A 鱼鳞除"保护自身免受外敌和寄生虫侵害"外，还有许多其他作用，比如，鱼鳞可以减少水流干扰，降低水的阻力。鱼侧线上的鳞片（侧线鳞）位于鱼身体的中心位置，从头部直达尾鳍，可将水吸入侧线（管）中，然后鱼可以通过吸入的水流感受水压、水速和水温。鳞片形状也是多种多样。密斑刺鲀与河豚同属，但鳞片已进化得像铠甲一般。此外，也有没有鳞片的鱼，如剑鱼、白带鱼、石鲽、鲛鳒、鲶鱼、七鳃鳗等。鱼鳞对人类而言也有很多益处。鱼鳞的成分是羟基磷灰石和骨胶原，羟基磷灰石是骨骼和牙齿的主要组成成分，骨胶原是美容健康食品的主要成分，因此，近年来不断出现以鱼鳞为原料的各种商品。

密斑刺鲀的全身鳞片进化成棘刺状。平时棘刺并无特别之处，但当它们察觉到危险时，会吸入海水使身体鼓胀并竖起棘刺保护自身免受敌人攻击

Q 现生真骨鱼类动物中，最原始的动物是？

A 科学家认为是长期以来作为一种食物在日本备受欢迎的鲱鱼。鲱鱼所属的鲱形目，是真骨鱼类动物中最原始的一个类群。从化石的形态学研究结果可以发现，鲱形目中鲱鱼是保留最多祖先形态的原始物种。此外，DNA 分析研究也使得这一假说变得更加有说服力。

鲱形目鲱科的海水鱼——『鲱鱼』。在日本一带，由于鲱鱼在春季产卵时会在北海道沿岸大量聚集，因此也被称作『春告鱼』

Q 现在地球上生活着哪些海洋爬行动物？

A 现在地球上生活的海洋爬行动物仅有海龟类和海蛇类两种。海龟类动物以热带和亚热带为中心，分布在世界各地的海洋中，而海蛇类主要生活在热带到亚热带的海域中。为了能够在水平方向上弯曲全身游动，海蛇类的尾部在垂直方向上变成更能有效拨水的扁平状。海蛇类含有作用于神经细胞的神经毒素，一旦被它们咬到，可能会有溺死的风险。此外，现存的"半海生"爬行动物主要有栖息在厄瓜多尔加拉帕戈斯群岛的海鬣蜥和栖息在亚洲和澳大利亚半咸水域的湾鳄。

现存的海洋爬行动物有海蛇（右图）、半海生的湾鳄（右下图）、海鬣蜥（左下图）

这套书一言以蔽之就是"大"：开本大，拿在手里翻阅非常舒适；规模大，有 50 个循序渐进的专题，市面罕见；团队大，由数十位日本专家倾力编写，又有国内专家精心审定；容量大，无论是知识讲解还是图片组配，都呈海量倾注。更重要的是，它展现出的是一种开阔的大格局、大视野，能够打通过去、现在与未来，培养起孩子们对天地万物等量齐观的心胸。

面对这样卷帙浩繁的大型科普读物，读者也许一开始会望而生畏，但是如果打开它，读进去，就会发现它的亲切可爱之处。其中的一个个小版块饶有趣味，像《原理揭秘》对环境与生物形态的细致图解，《世界遗产长廊》展现的地球之美，《地球之谜》为读者留出的思考空间，《长知识！地球史问答》中偏重趣味性的小问答，都缓解了全书讲述漫长地球史的厚重感，增加了亲切的临场感，也能让读者感受到，自己不仅是被动的知识接受者， 更可能成为知识的主动探索者。

在 46 亿年的地球史中，人类显得非常渺小，但是人类能够探索、认知到地球的演变历程，这就是超越其他生物的伟大了。

——清华大学附属中学校长

纵观整个人类发展史，科技创新始终是推动一个国家、一个民族不断向前发展的强大力量。中国是具有世界影响力的大国，正处在迈向科技强国的伟大历史征程当中，青少年作为科技创新的有生力量，其科学文化素养直接影响到祖国未来的发展方向，而科普类图书则是向他们传播科学知识、启蒙科学思想的一个重要渠道。

"46 亿年的奇迹：地球简史"丛书作为一套地球百科全书，涵盖了物理、化学、历史、生物等多个方面，图文并茂地讲述了宇宙大爆炸至今的地球演变全过程，通俗易懂，趣味十足，不仅有助于拓展广大青少年的视野，完善他们的思维模式，培养他们浓厚的科研兴趣，还有助于养成他们面对自然时的那颗敬畏之心，对他们的未来发展有积极的引导作用，是一套不可多得的科普通识读物。

——河北衡水中学校长

"46 亿年的奇迹：地球简史"值得推荐给我国的少年儿童广泛阅读。近 20 年来，日本几乎一年出现一位诺贝尔奖获得者，引起世界各国的关注。人们发现，日本极其重视青少年科普教育，引导学生广泛阅读，培养思维习惯，激发兴趣。这是一套由日本科学家倾力编写的地球百科全书，使用了海量珍贵的精美图片，并加入了简明的故事性文字，循序渐进地呈现了地球 46 亿年的演变史。把科学严谨的知识学习植入一个个恰到好处的美妙场景中，是日本高水平科普读物的一大特点，这在这套丛书中体现得尤为鲜明。它能让学生从小对科学产生浓厚的兴趣，并养成探究问题的习惯，也能让青少年对我们赖以生存、生活的地球形成科学的认知。我国目前还没有如此系统性的地球史科普读物，人民文学出版社和上海九久读书人联合引进这套书，并邀请南京古生物博物馆馆长冯伟民先生及其团队审稿，借鉴日本已有的科学成果，是一种值得提倡的"拿来主义"。

——华中师范大学第一附属中学校长

周鹏程

青少年正处于想象力和认知力发展的重要阶段，具有极其旺盛的求知欲，对宇宙星球、自然万物、人类起源等都有一种天生的好奇心。市面上关于这方面的读物虽然很多，但在内容的系统性、完整性和科学性等方面往往做得不够。"46 亿年的奇迹：地球简史"这套丛书图文并茂地详细讲述了宇宙大爆炸至今地球演变的全过程，系统展现了地球 46 亿年波澜壮阔的历史，可以充分满足孩子们强烈的求知欲。这套丛书值得公共图书馆、学校图书馆乃至普通家庭收藏。相信这一套独特的丛书可以对加强科普教育、夯实和提升我国青少年的科学人文素养起到积极作用。

——浙江省镇海中学校长

人类文明发展的历程总是闪耀着科学的光芒。科学，无时无刻不在影响并改变着我们的生活，而科学精神也成为"中国学生发展核心素养"之一。因此，在科学的世界里，满足孩子们强烈的求知欲望，引导他们的好奇心，进而培养他们的思维能力和探究意识，是十分必要的。

　　摆在大家眼前的是一套关于地球的百科全书。在书中，几十位知名科学家从物理、化学、历史、生物、地质等多个学科出发，向孩子们详细讲述了宇宙大爆炸至今地球46亿年波澜壮阔的历史，为孩子们解密科学谜题、介绍专业研究新成果，同时，海量珍贵精美的图片，将知识与美学完美结合。阅读本书，孩子们不仅可以轻松爱上科学，还能激活无穷的想象力。

　　总之，这是一套通俗易懂、妙趣横生、引人入胜而又让人受益无穷的科普通识读物。

——东北育才学校校长

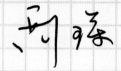

　　读"46亿年的奇迹：地球简史"，知天下古往今来之科学脉络，激我拥抱世界之热情，养我求索之精神，蓄创新未来之智勇，成国家之栋梁。

——南京师范大学附属中学校长

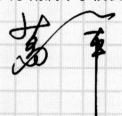

　　我们从哪里来？我们是谁？我们要到哪里去？遥望宇宙深处，走向星辰大海，聆听150个故事，追寻46亿年的演变历程。带着好奇心，开始一段不可思议的探索之旅，重新思考人与自然、宇宙的关系，再次体悟人类的渺小与伟大。就像作家特德·姜所言："我所有的欲望和沉思，都是这个宇宙缓缓呼出的气流。"

——成都七中校长

易国栋

看到这套丛书的高清照片时，我内心激动不已，思绪倏然回到了小学课堂。那时老师一手拿着篮球，一手举着排球，比画着地球和月球的运转规律。当时的我费力地想象神秘的宇宙，思考地球悬浮其中，为何地球上的江河海水不会倾泻而空？那时的小脑瓜虽然困惑，却能想及宇宙，但因为想不明白，竟不了了之，最后更不知从何时起，还停止了对宇宙的遐想，现在想来，仍是惋惜。我认为，孩子们在脑洞大开、想象力丰富的关键时期，他们应当得到睿智头脑的引领，让天赋尽启。这套丛书，由日本知名科学家撰写，将地球 46 亿年的壮阔历史铺展开来，极大地拉伸了时空维度。对于爱幻想的孩子来说，阅读这套丛书将是一次提升思维、拓宽视野的绝佳机会。

——广州市执信中学校长

这是一套可作典藏的丛书：不是小说，却比小说更传奇；不是戏剧，却比戏剧更恢宏；不是诗歌，却有着任何诗歌都无法与之比拟的动人深情。它不仅仅是一套科普读物，还是一部创世史诗，以神奇的画面和精确的语言，直观地介绍了地球数十亿年以来所经过的轨迹。读者自始至终在体验大自然的奇迹，思索着陆地、海洋、森林、湖泊孕育生命的历程。推荐大家慢慢读来，应和着地球这个独一无二的蓝色星球所展现的历史，寻找自己与无数生命共享的时空家园与精神归属。

——复旦大学附属中学校长

地球是怎样诞生的，我们想过吗？如果我们调查物理系、地理系、天体物理系毕业的大学生，有多少人关心过这个问题？有多少人猜想过可能的答案？这种猜想和假说是怎样形成的？这一假说本质上是一种怎样的模型？这种模型是怎么建构起来的？证据是什么？是否存在其他的假说与模型？它们的证据是什么？哪种模型更可靠、更合理？不合理处是否可以修正、如何修正？用这种观念解释世界可以为我们带来哪些新的视角？月球有哪些资源可以开发？作为一个物理专业毕业、从事物理教育30年的老师，我被这套丛书深深吸引，一口气读完了3本样书。

学会用上面这种思维方式来认识世界与解释世界，是科学对我们的基本要求，也是科学教育的重要任务。然而，过于功利的各种应试训练却扭曲了我们的思考。坚持自己的独立思考，不人云亦云，是每个普通公民必须具备的科学素养。

从地球是如何形成的这一个点进行深入的思考，是一种令人痴迷的科学训练。当你读完全套书，经历150个节点训练，你已经可以形成科学思考的习惯，自觉地用模型、路径、证据、论证等术语思考世界，这样你就能成为一个会思考、爱思考的公民，而不会是一粒有知识无智慧的沙子！不论今后是否从事科学研究，作为一个公民，在接受过这样的学术熏陶后，你将更有可能打牢自己安身立命的科学基石！

——上海市曹杨第二中学校长

王洋

强烈推荐"46亿年的奇迹：地球简史"丛书！

本套丛书跨越地球46亿年浩瀚时空，带领学习者进入神奇的、充满未知和想象的探索胜境，在宏大辽阔的自然演化史实中追根溯源。丛书内容既涵盖物理、化学、历史、生物、地质、天文等学科知识的发生、发展历程，又蕴含人类研究地球历史的基本方法、思维逻辑和假设推演。众多地球之谜、宇宙之谜的原理揭秘，刷新了我们对生命、自然和科学的理解，会让我们深刻地感受到历史的瞬息与永恒、人类的渺小与伟大。

——上海市七宝中学校长

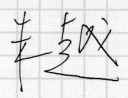

著作权合同登记号　图字01-2020-1056　01-2020-1057　01-2020-1058　01-2020-1059

Chikyu 46 Oku Nen No Tabi 25 Pangea No Bunretsu To Taiseiyou No Tanjou；
Chikyu 46 Oku Nen No Tabi 26 Chourui Oozora Wo Mezasu；
Chikyu 46 Oku Nen No Tabi 27 Daichi Wo Irodoru Hana No Tanjou；
Chikyu 46 Oku Nen No Tabi 28 Hakuaki No Umi No Seizonkyousou
©Asahi Shimbun Publications Inc. 2014
Originally Published in Japan in 2014
by Asahi Shimbun Publications Inc.
Chinese translation rights arranged with Asahi Shimbun Publications Inc.
through TOHAN CORPORATION, TOKYO.

图书在版编目（CIP）数据

显生宙. 中生代. 2 / 日本朝日新闻出版著；杨梦
琦, 朗寒梅子, 刘梅译. -- 北京：人民文学出版社，
2021（2024.1重印）
（46亿年的奇迹：地球简史）
ISBN 978-7-02-016106-5

Ⅰ. ①显… Ⅱ. ①日… ②杨… ③朗… ④刘… Ⅲ.
①中生代—普及读物 Ⅳ. ①P534.4-49

中国版本图书馆CIP数据核字(2020)第026551号

总　策　划　黄育海
责任编辑　卜艳冰　何王慧
装帧设计　汪佳诗　钱　珺　李苗苗

出版发行　人民文学出版社
社　　　址　北京市朝内大街166号
邮政编码　100705

印　　　制　凸版艺彩（东莞）印刷有限公司
经　　　销　全国新华书店等

字　　　数　224千字
开　　　本　965毫米×1270毫米　1/16
印　　　张　9
版　　　次　2021年1月北京第1版
印　　　次　2024年1月第7次印刷

书　　　号　978-7-02-016106-5
定　　　价　115.00元

如有印装质量问题, 请与本社图书销售中心调换。电话:010-65233595